Redis深度历险

核心原理与应用实践

钱文品/著

电子工业出版社·

Publishing House of Electronics Industry

北京·BEIJING

内 容 简 介

Redis 是互联网技术架构在存储系统中使用得最为广泛的中间件，也是中高级后端工程师技术面试中面试官最喜欢问的工程技能之一，特别是那些优秀的互联网公司，通常要求面试者不仅仅掌握 Redis 基础用法，还要理解 Redis 内部实现的细节原理。本书作者老钱在使用 Redis 上积累了丰富的实战经验，希望帮助更多后端开发者更快、更深入地掌握 Redis 技能。

本书分为基础和应用篇、原理篇、集群篇、拓展篇、源码篇共 5 大块内容。基础和应用篇讲解对读者来说最有价值的内容，可以直接应用到实际工作中；原理篇、集群篇让开发者透过简单的技术表面看到精致的底层世界；拓展篇帮助读者拓展技术视野和夯实基础，便于进阶学习；源码篇让高阶的读者能够读懂源码，掌握核心技术实力。

本书适合以下人群阅读：有 Redis 基础，渴望深度掌握 Redis 技术原理的中高级后端开发者；渴望成功进入大型互联网企业研发部的中高级后端开发者；需要支撑公司 Redis 中间件运维工作的初中级运维工程师；对 Redis 中间件技术好奇的中高级前端技术研究者。

图书在版编目（CIP）数据

Redis深度历险：核心原理与应用实践 / 钱文品著. —北京：电子工业出版社，2019.1
ISBN 978-7-121-35047-4

Ⅰ. ①R… Ⅱ. ①钱… Ⅲ. ①数据库—基本知识Ⅳ. ①TP311.138

中国版本图书馆CIP数据核字（2018）第214091号

责任编辑：林瑞和
印　　刷：北京捷迅佳彩印刷有限公司
装　　订：北京捷迅佳彩印刷有限公司
出版发行：电子工业出版社
　　　　　北京市海淀区万寿路173信箱　　　　　邮编：100036
开　　本：720×1000　　1/16　　　印张：15.5　　　字数：276.7千字
版　　次：2019年1月第1版
印　　次：2024年9月第16次印刷
定　　价：79.00元

凡所购买电子工业出版社图书有缺损问题，请向购买书店调换。若书店售缺，请与本社发行部联系，联系及邮购电话：（010）88254888，88258888
质量投诉请发邮件至zlts@phei.com.cn，盗版侵权举报请发邮件至dbqq@phei.com.cn。
本书咨询联系方式：010-51260888-819　faq@phei.com.cn。

前　　言

攀登技术之山

为什么我要尝试写作技术类书籍

我毕业至今已经十年了。这十年的技术生涯犹如艰辛的登山过程，中间虽有停停歇歇，但整体而言，我始终在向上努力攀登。

我是个对新技术有着强烈好奇心的人，曾经学习了很多种计算机语言，有些语言与我的工作并没有太大关系，但这不妨碍我花费时间去钻研它们。相比身边很多技术高手，我本人并不算一个特别有天赋的人，所以爬山的过程比较缓慢。

2018 年年中，我偶然回顾了一下自己的技术生涯，感觉总算有所小成，登山达到了一定高度，但与此同时，我也意识到技术日新月异，顶峰遥不可及，总会有我爬不动的那一天，那么在此之前我能做些什么呢？

闲暇之时，我开始尝试写作技术类书籍，希望将自己多年来的所学所想记录下来，分享给山下的学弟学妹们，希望他们阅读之后，可以在登山时轻松一些。等到他们未来达到我所处的高度时，也能偶尔记起我这样一个前辈曾经写过一点东西对他们有过些许帮助。

我必须承认，我的语文水平不算好，写作对我来说是一个挑战。不过当我开始着手尝试时，却发现自己有一种停不下来的感觉。

我发现写作技术类书籍这件事特别适合我，一方面这类书并不需要华丽的辞藻以及别出心裁的情节设计，因为写出简明易懂的内容才是最重要的，另一方面我很清楚普通人在面对一门新技术时所遇到的难点在哪里，门槛在哪里，因为登山时遇到的艰难我都心中有数。

技术大神们可能会觉得那些"难点"都特别简单，他们很难站在普通人的角度思考问题，对于读者的抱怨会觉得难以理解。我时常翻阅一些国外的技术博客，发现这些大神写的文章其实并不易懂，一篇文章往往要仔细地阅读好多遍才能大致理解。如果读者希望更轻松地理解他们所写的内容，就太需要我们这些愿意写作技术类书籍的人。我们将来自山顶的晦涩的知识抽丝剥茧，让它们变得易于理解，让更多人可以享受到来自山顶的阳光。

人们常说，一个人年轻时经历的艰难会在未来成为他的财富，我想这大概就是我能完成这本书的原因。

为什么我要写 Redis

Redis 是互联网技术架构在存储系统中使用得最为广泛的中间件，它也是中高级后端工程师技术面试中面试官最喜欢问的工程技能之一，特别是那些优秀的、竞争激烈的大型互联网公司（比如 Twitter、新浪微博、阿里云、腾讯云、淘宝、知乎等），通常要求面试者不仅要掌握 Redis 基础使用方法，更要深层理解 Redis 内部实现的细节原理。毫不夸张地说，只要能把 Redis 的知识点全部吃透，你的半只脚就已经踏进心仪公司的技术研发部了。

但我在以往的很多面试中，发现大多数同学只会拿 Redis 做数据缓存，使用最简单的 get/set 方法，除此之外几乎一无所知。也有小部分同学知道 Redis 的分布式锁，但也不清楚其内部实现机制，甚至在使用上就不标准，导致生产环境中出现意想不到的问题。还有很多同学没认识到 Redis 是个单线程结构，也不理解单线程的 Redis 为何还可以支持高并发。

我希望通过梳理和总结自己的实践经验，能够帮助更多后端开发者更快、更深入地掌握 Redis 技能。这就是我写作本书的初衷。

我所在的掌阅科技公司，为了支撑海量（亿级）的用户服务，使用了上千个 Redis 实例，如图 0-1 所示，包含大约 100 个 Redis 集群（Codis）以及很多独立的 Redis 节点，因此我在使用 Redis 作为缓存和持久存储中间件上积累了较为丰富的实战经验，这些我都将毫无保留地分享到本书中。

Redis 涉及的知识点是非常多的，本书将讲解其中最常见的 Redis 核心原理和应用实践经验，让读者在阅读之后可以将知识快速应用到平时的 Redis 项目开发中。除此之外，本书还会深入探究一些底层的至关重要的计算机科学基础原理，以及技术应用的思考方式，这些基础的知识和技能将最终决定你的技术人生道路可以走多快、走多远。

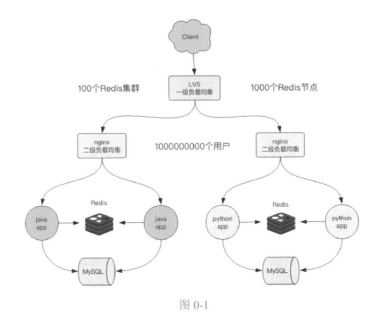

图 0-1

本书内容结构

本书分为基础和应用篇、原理篇、集群篇、拓展篇、源码篇共 5 大块内容，如图 0-2 所示。

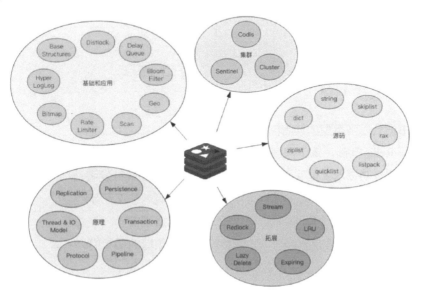

图 0-2

● 基础和应用篇：占据篇幅最长，这也是对读者来说最有价值的内容，可以直接应用到实际工作中。

● 原理篇和集群篇：适合对技术有着极致追求的开发者学习，他们希望透过简单的技术表面看到精致的底层世界。

● 拓展篇：作为最核心内容的补充部分，帮助读者进一步拓展技术视野或者夯实基础，便于进阶学习。

● 源码篇：满足高阶用户深入探索 Redis 内部实现原理的强烈需要，这类读者坚信读懂源码才是技术实力的真正体现。

图文并茂是本书一大特色

为了便于读者理解本书内容，我花费不少时间绘制了大量原创彩色插图，例子如图 0-3 所示。希望这些彩图能够帮助读者更有效率地理解本书知识点，实现事半功倍的效果。

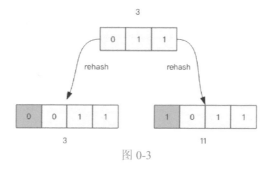

图 0-3

适合阅读本书的读者

本书适合以下类型的读者阅读。

1. 有 Redis 基础，渴望深度掌握 Redis 技术原理的中高级后端开发者。

2. 渴望成功进入大型互联网企业研发部的中高级后端开发者。

3. 需要支撑公司 Redis 中间件运维工作的初中级运维工程师。

4. 希望更好地设计 Redis 面试题目的后端技术面试官。

5. 对 Redis 中间件技术好奇的中高级前端技术领域的朋友们。

老钱

2018 年 10 月

目　　录

第1篇

基础和应用篇

1.1　授人以鱼不如授人以渔

Redis 是互联网技术领域使用最为广泛的存储中间件，它是 "**Remote Dictionary Service**"（远程字典服务）的首字母缩写。Redis 以其超高的性能、完美的文档、简洁易懂的源码和丰富的客户端库支持在开源中间件领域广受好评。国内外很多大型互联网公司都在使用 Redis，比如 Twitter、暴雪娱乐、Github、Stack Overflow、腾讯、阿里巴巴、京东、华为、新浪微博等，很多中小型公司也在使用。可以说，深入了解 Redis 应用和实践，已成为如今中高级后端开发者绕不开的必备技能。

1.1.1　由 Redis 面试想到的

在面试后端工程师关于 Redis 技能的时候，面试官通常问的第一个问题就是 "Redis 能用来做什么"，第一个回答往往会是 "缓存"。缓存确实是 Redis 使用最多的领域，相对 Memcache 而言，Redis 更加易于理解、使用和控制。

可是如果再进一步问 "还有呢"，大多数同学就会开始皱眉头，只有一小部分人会回答 "分布式锁"。如果就分布式锁再深入问下去，他们基本上都会开始摇头：我们项目里面 Redis 的锁方法都是别人（应该是架构师）封装好的，拿过来直接使用，内部细节没有去了解过，也没有必要了解。

对类似的场景，老钱深有体会。关于 Redis 的面试题，老钱曾经准备了很多，但是真正能用上的却很少。当面试的同学频繁地回复 "不知道" "没用过" 的时候，再继续深入追问已经毫无意义，这时候就需要切换话题了。偶尔遇上几个能持续回答问题很多回合的同学，总能使人眼前一亮，如果再询问一下周边知识点，就会发现他们往往也会有所涉猎，这时老钱在心中已经暗暗地对这些同学伸出了大拇指。

这些面试经历事后也让老钱深刻反思。架构师的技能水平很高，对提升团队研发效率很有帮助，我们非常钦佩和羡慕，但是普通开发者如果习惯于在架构师封装好的东西上，只专注做业务开发，那么久而久之，在技术理解和成长上就会变得迟钝甚至麻木。从这个角度上看，架构师也可能成为普通开发者的"敌人"，他的强大能力会让大家变成"温室里的花朵"，一旦遇到环境变化就会不知所措。

其实在很多业务场景里，仅仅要求我们会使用某项技术、框架，简直再简单不过了，但是随着业务发展，系统的用户量、并发量涨上来之后，现有系统的问题就会层出不穷地暴露出来。如果不能深入地了解系统、技术和框架背后的深层原理，我们就无法理解很多问题的本质，更谈不上解决，临时抱佛脚也于事无补。

所谓"授人以鱼不如授人以渔"，本书的初衷和目标就是帮助后端开发者深入地理解 Redis 背后的原理和实践经验，做到知其然也知其所以然，为未来进阶成长为架构师做好准备。

1.1.2　本书的内容范围

本书主要讲解老钱从实战中摸索总结的 Redis 最常用、最核心的知识点，但限于篇幅和精力，并没有涵盖 Redis 全部的知识点，比如 Redis 内置的 Lua 脚本引擎就完全没有提到。之所以不讲，是因为老钱在平时的工作中确实从来没有使用过，它就好比关系数据库的存储过程，虽然功能很强大，但是用得很少，而且也不易维护，所以就不推荐读者使用了。

对于很多小企业来说，本书的很多内容都是用不上的，因为系统的并发量没有达到一定的量级，这些高级功能根本没必要使用。不过机会总是留给那些有准备的人的，如果有一天流量突然涨上来了，Redis 的这些稀有的高级功能必定能立即派上用场。

读者们肯定也注意到了，本书所有的小节标题都使用了特定的成语或俗语，它们不是老钱随便写的，而是精确考量了其含义和技术点的"相关性"，相信读者在理解了每个小节的内容之后，就可以明白这"相关性"是什么。之所以要使用成语或俗语也是为了制造悬念，吸引读者探究为什么这些技术点会和它们相关。

好了，深入理解 Redis 的学习之旅正式开始。

1.1.3　Redis 可以做什么

Redis 的业务应用范围非常广泛，让我们梳理一下，看看 Redis 可以用在哪些地方。

1．记录帖子的点赞数、评论数和点击数（hash）。

2．记录用户的帖子 ID 列表（排序），便于快速显示用户的帖子列表（zset）。

3．记录帖子的标题、摘要、作者和封面信息，用于列表页展示（hash）。

4．记录帖子的点赞用户 ID 列表，评论 ID 列表，用于显示和去重计数（zset）。

5．缓存近期热帖内容（帖子内容的空间占用比较大），减少数据库压力（hash）。

6．记录帖子的相关文章 ID，根据内容推荐相关帖子（list）。

7．如果帖子 ID 是整数自增的，可以使用 Redis 来分配帖子 ID（计数器）。

8．收藏集和帖子之间的关系（zset）。

9．记录热榜帖子 ID 列表、总热榜和分类热榜（zset）。

10．缓存用户行为历史，过滤恶意行为（zset、hash）。

当然，实际情况下需求可能也没这么多，因为在请求压力不大的情况下，很多数据都是可以直接从数据库中查询的。但是如果请求压力很大，以前通过数据库直接存取的数据则必须挪到缓存里来操作。

以上提到的只是 Redis 的基础应用，也是日常开发中最常见的应用（如果你的 Redis 基础和经验不足，可能需要阅读完下一节之后才能回过头来思考这个问题）。除了基础应用之外，还有很多其他的 Redis 高级应用，大多数同学可能从未接触过，这部分老钱会在后面陆续讲解。

1.1.4　小结

接下来，老钱将会讲解一遍 Redis 的基础知识，这部分内容估计很多读者都已经非常了解，所以不会浪费太多笔墨，老钱会在第 1.2 节"万丈高楼平地起——Redis 基础数据结构"里快速将其讲完。如果读者对 Redis 基础数据结构已经了然于胸，可以直接跳到第 1.3 节"千帆竞发——分布式锁"，去学习 Redis 的高级知识。

在阅读过程中，如果你被某个章节卡住了，一下子理解不了，可以先淡定地摸着胸口告诉自己"不要慌，一切都是正常的"，然后暂时先跳过去并继续阅读后面的章节。请各位读者务必坚持到最后，因为到时候你会明显感受到技术能力的升华。大家加油！

1.1.5 扩展阅读

Redis 由意大利人 Salvatore Sanfilippo（网名 Antirez）开发，图 1-1 所示的是他的个人照片。

Antirez 不仅帅得不像实力派，其人也非常有趣。他出生在非英语系国家，英语能力长期以来是一个短板，他曾经专门为自己蹩脚的英语能力写过一篇博文《英语伤痛 15 年》，用自己的成长经历来鼓励那些非英语系的技术开发者们努力攻克英语难关。

我们都知道 Redis 的默认端口是 6379，这个端口号也不是随机选的，而是由手机键盘字母"MERZ"的位置决定的，如图 1-2 所示。

图 1-1   图 1-2

"MERZ"在 Antirez 的朋友圈语言中是"愚蠢"的代名词，它由于意大利广告女郎"Alessia Merz"在电视节目上说了一堆愚蠢的话而被人熟知。

Antirez 已经四十多岁了，依旧在孜孜不倦地写代码，为 Redis 的开源事业持续贡献力量。

1.2 万丈高楼平地起——Redis 基础数据结构

千里之行，始于足下。本节我们的学习目标是：快速理解并掌握 Redis 的基础知识。

由于本节内容是关于 Redis 的最简单、最容易掌握的知识，如果你已经很熟悉 Redis 的基础数据结构，从珍惜生命的角度出发，可以略过本节内容，跳到下一节继续阅读。

要体验 Redis，我们先从 Redis 的安装说起。

1.2.1 Redis 的安装

体验 Redis 需要使用 Linux 或者 Mac 环境，如果你使用的是 Windows 操作系统，那么可以考虑使用虚拟机。

Redis 的安装主要有以下三种方式。

1. 使用 Docker 安装。

2. 通过 Github 源码编译。

3. 直接安装 apt-get install（Ubuntu）、yum install（RedHat） 或者 brew install（Mac）。

如果读者懒于安装操作，也可以使用网页版的 Web Redis 直接体验。

具体操作如下。

Docker 方式

```
# 拉取 Redis 镜像
> docker pull redis
# 运行 Redis 容器
> docker run --name myredis -d -p6379:6379 redis
# 执行容器中的 redis-cli，可以直接使用命令行操作 Redis
> docker exec -it myredis redis-cli
```

Github 源码编译方式

```
# 下载源码
> git clone --branch 2.8 --depth 1 git@github.com:antirez/redis.git
> cd redis
# 编译
> make
> cd src
# 运行服务器，daemonize 表示在后台运行
> ./redis-server --daemonize yes
# 运行命令行
> ./redis-cli
```

直接安装方式

```
# mac
> brew install redis
# ubuntu
> apt-get install redis
```

```
# redhat
> yum install redis
# 运行客户端
> redis-cli
```

1.2.2　5 种基础数据结构

Redis 有 5 种基础数据结构，分别为：string（字符串）、list（列表）、hash（字典）、set（集合）和 zset（有序集合）。这 5 种基本数据结构的熟练使用，是 Redis 的相关知识中最基础、最重要的部分，也是在 Redis 面试题中被问到最多的知识点。

本小节将带领 Redis 初学者快速通关这 5 种基本数据结构。考虑到 Redis 的命令非常多，这里只选取那些最常见的进行讲解。

string（字符串）

字符串 string 是 Redis 最简单的数据结构，如图 1-3 所示，它的内部表示就是一个字符数组。Redis 所有的数据结构都以唯一的 key 字符串作为名称，然后通过这个唯一 key 值来获取相应的 value 数据。不同类型的数据结构的差异就在于 value 的结构不一样。

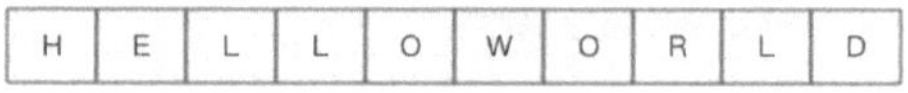

| H | E | L | L | O | W | O | R | L | D |

图 1-3

字符串结构使用非常广泛，一个常见的用途就是缓存用户信息。我们将用户信息结构体使用 JSON 序列化成字符串，然后将序列化后的字符串塞进 Redis 来缓存。同样，取用户信息会经过一次反序列化的过程。

Redis 的字符串是动态字符串，是可以修改的字符串，内部结构的实现类似于 Java 的 ArrayList，采用预分配冗余空间的方式来减少内存的频繁分配，如图 1-4 所示，内部为当前字符串分配的实际空间 capacity 一般要高于实际字符串长度 len。当字符串长度小于 1MB 时，扩容都是加倍现有的空间。如果字符串长度超过 1MB，扩容时一次只会多扩 1MB 的空间。需要注意的是字符串最大长度为 512MB。

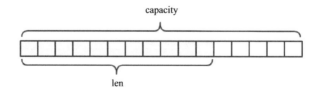

图 1-4

【键值对】

相当于字典的 key 和 value，支持简单的增删改查操作。下面代码中的"name"
就是字典的 key，而 value 就是字符串"codehole"。

```
> set name codehole
OK
> get name
"codehole"
> exists name
(integer) 1
> del name
(integer) 1
> get name
(nil)
```

【批量键值对】

可以对多个字符串进行批量读写，节省网络耗时开销。

```
> set name1 codehole
OK
> set name2 holycoder
OK
> mget name1 name2 name3        # 返回一个列表
1) "codehole"
2) "holycoder"
3) (nil)
> mset name1 boy name2 girl name3 unknown
> mget name1 name2 name3
1) "boy"
2) "girl"
3) "unknown"
```

【过期和 set 命令扩展】

可以对 key 设置过期时间，到时间会被自动删除，这个功能常用来控制缓存的
失效时间。不过这个"自动删除"的机制是比较复杂的，如果你感兴趣，可以阅读
本书第 4.4 节"朝生暮死——过期策略"以深入了解。

```
> set name codehole
> get name
"codehole"
> expire name 5                 # 5s 后过期
```

```
...                              # 等候 5s
> get name
(nil)

> setex name 5 codehole     # 5s 后过期，等价于 set+expire
> get name
"codehole"
...                              # 等候 5s
> get name
(nil)

> setnx name codehole       # 如果 name 不存在就执行 set 创建
(integer) 1
> get name
"codehole"
> setnx name holycoder
(integer) 0                 # 因为 name 已经存在，所以 set 创建不成功
> get name
 "codehole"                  # 没有改变
```

【计数】

如果 value 值是一个整数，还可以对它进行自增操作。自增是有范围的，它的范围在 signed long 的最大值和最小值之间，超出了这个范围，Redis 会报错。

```
> set age 30
OK
> incr age
(integer) 31
> incrby age 5
(integer) 36
> incrby age -5
(integer) 31
> set codehole 9223372036854775807  # Long.Max
OK
> incr codehole
(error) ERR increment or decrement would overflow
```

字符串由多个字节组成，每个字节又由 8 个 bit 组成，如此便可以将一个字符串看成很多 bit 的组合，这便是 bitmap（位图）数据结构。位图的具体使用方法会放到后文来讲。

关于字符串的内部结构实现，请阅读第 5.1 节"丝分缕析——探索'字符串'内部"。

list（列表）

Redis 的列表相当于 Java 语言里面的 LinkedList，注意它是链表而不是数组。这意味着 list 的插入和删除操作非常快，时间复杂度为 O(1)，但是索引定位很慢，时间复杂度为 O(n)，这点让人非常意外。如图 1-5 所示，列表中的每个元素都使用双向指针顺序，串起来可以同时支持前向后向遍历。

当列表弹出了最后一个元素之后，该数据结构被自动删除，内存被回收。

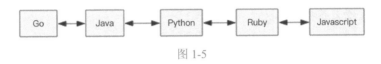

图 1-5

Redis 的列表结构常用来做异步队列使用。将需要延后处理的任务结构体序列化成字符串，塞进 Redis 的列表，另一个线程从这个列表中轮询数据进行处理。

【右边进左边出：队列】

队列是先进先出的数据结构，常用于消息排队和异步逻辑处理，它会确保元素的访问顺序性。

```
> rpush books python java golang
(integer) 3
> llen books
(integer) 3
> lpop books
"python"
> lpop books
"java"
> lpop books
"golang"
> lpop books
(nil)
```

【右边进右边出：栈】

栈是先进后出的数据结构，跟队列正好相反。拿 Redis 的列表数据结构来做栈使用的业务场景并不多见。

```
> rpush books python java golang
(integer) 3
> rpop books
"golang"
```

```
> rpop books
"java"
> rpop books
"python"
> rpop books
(nil)
```

【慢操作】

lindex 相当于 Java 链表的 get(int index) 方法，它需要对链表进行遍历，性能随着参数 index 增大而变差。

ltrim 和字面上的含义不太一样，老钱觉得叫它 lretain（保留）更合适一些，因为 ltrim 的两个参数 start_index 和 end_index 定义了一个区间，在这个区间内的值，ltrim 要保留，区间之外的则统统砍掉。我们可以通过 ltrim 来实现一个定长的链表，这一点非常有用。

index 可以为负数，index=-1 表示倒数第一个元素，同理 index=-2 表示倒数第二个元素。

```
> rpush books python java golang
(integer) 3
> lindex books 1          # O(n) 慎用
"java"
> lrange books 0 -1       # 获取所有元素，O(n) 慎用
1) "python"
2) "java"
3) "golang"
> ltrim books 1 -1        # O(n) 慎用
OK
> lrange books 0 -1
1) "java"
2) "golang"
> ltrim books 1 0         # 这其实是清空了整个列表，因为区间范围长度为负
OK
> llen books
(integer) 0
```

【快速列表】

如果再深入一点，你会发现 Redis 底层存储的不是一个简单的 linkedlist，而是称之为"快速链表"（quicklist）的一个结构。

首先在列表元素较少的情况下，会使用一块连续的内存存储，这个结构是

ziplist，即压缩列表。它将所有的元素彼此紧挨着一起存储，分配的是一块连续的内存。当数据量比较多的时候才会改成 quicklist。因为普通的链表需要的附加指针空间太大，会浪费空间，还会加重内存的碎片化，比如某普通链表里存的只是 int 类型的数据，结构上还需要两个额外的指针 prev 和 next。所以 Redis 将链表和 ziplist 结合起来组成了 quicklist，也就是将多个 ziplist 使用双向指针串起来使用。如图 1-6 所示，quicklist 既满足了快速的插入删除性能，又不会出现太大的空间冗余。

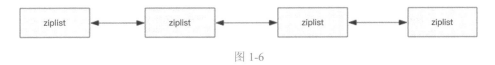

图 1-6

关于列表的内部结构实现，请阅读本书第 5.3 节"挨肩迭背——探索'压缩列表'内部"和第 5.4 节"风驰电掣——探索'快速列表'内部"。

hash（字典）

Redis 的字典相当于 Java 语言里面的 HashMap，如图 1-7 所示，它是无序字典，内部存储了很多键值对。实现结构上与 Java 的 HashMap 也是一样的，都是"数组＋链表"二维结构。如图 1-8 所示，第一维 hash 的数组位置碰撞时，就会将碰撞的元素使用链表串接起来。

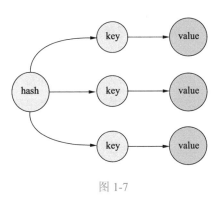

图 1-7

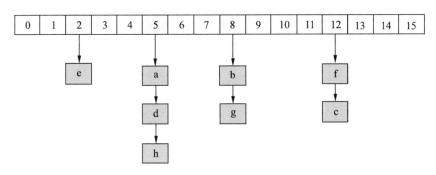

图 1-8

不同的是，Redis 的字典的值只能是字符串，另外它们 rehash 的方式不一样，因为 Java 的 HashMap 在字典很大时，rehash 是个耗时的操作，需要一次性全部 rehash。Redis 为了追求高性能，不能堵塞服务，所以采用了渐进式 rehash 策略。

渐进式 rehash 会在 rehash 的同时，保留新旧两个 hash 结构，如图 1-9 所示，查询时会同时查询两个 hash 结构，然后在后续的定时任务以及 hash 操作指令中，循序渐进地将旧 hash 的内容一点点地迁移到新的 hash 结构中。当搬迁完成了，就会使用新的 hash 结构取而代之。

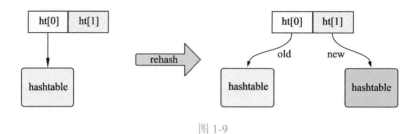

图 1-9

当 hash 移除了最后一个元素之后，该数据结构被自动删除，内存被回收。

hash 结构也可以用来存储用户信息，与字符串需要一次性全部序列化整个对象不同，hash 可以对用户结构中的每个字段单独存储。这样当我们需要获取用户信息时可以进行部分获取。而以整个字符串的形式去保存用户信息的话，就只能一次性全部读取，这样就会浪费网络流量。

hash 也有缺点，hash 结构的存储消耗要高于单个字符串。到底该使用 hash 还是字符串，需要根据实际情况再三权衡。

```
> hset books java "think in java"
                        # 命令行的字符串如果包含空格，要用引号括起来
(integer) 1
> hset books golang "concurrency in go"
(integer) 1
> hset books python "python cookbook"
(integer) 1
> hgetall books          # entries(), key 和 value 间隔出现
1) "java"
2) "think in java"
3) "golang"
4) "concurrency in go"
5) "python"
6) "python cookbook"
```

```
> hlen books
(integer) 3
> hget books java
"think in java"
> hset books golang "learning go programming"   # 更新操作，所以返回 0
(integer) 0
> hget books golang
"learning go programming"
> hmset books java "effective java" python "learning python"
golang "modern golang programming"               # 批量 set
OK
```

同字符串一样，hash 结构中的单个子 key 也可以进行计数，它对应的指令是 hincrby，和 incr 的使用方法基本一样。

```
# 老钱本来 29 岁
> hset user-laoqian age 29
(integer) 1
# 过了这个年，又老了 1 岁
> hincrby user-laoqian age 1
(integer) 30
```

关于字典的内部结构实现，请阅读本书第 5.2 节"循序渐进——探索'字典'内部"。

set（集合）

Redis 的集合相当于 Java 语言里面的 HashSet，它内部的键值对是无序的、唯一的。它的内部实现相当于一个特殊的字典，字典中所有的 value 都是一个值 NULL。

当集合中最后一个元素被移除之后，数据结构被自动删除，内存被回收。

set 结构可以用来存储在某活动中中奖的用户 ID，因为有去重功能，可以保证同一个用户不会中奖两次。

```
> sadd books python
(integer) 1
> sadd books python          # 重复
(integer) 0
> sadd books java golang
(integer) 2
> smembers books             # 注意顺序，和插入的并不一致，因为 set 是无序的
1) "java"
2) "python"
```

```
3) "golang"
> sismember books java     # 查询某个 value 是否存在,相当于 contains(o)
(integer) 1
> sismember books rust
(integer) 0
> scard books              # 获取长度相当于 count()
(integer) 3
> spop books               # 弹出一个
"java"
```

zset（有序列表）

zset 可能是 Redis 提供的最有特色的数据结构，它也是在面试中面试官最爱问的数据结构。如图 1-10 所示，它类似于 Java 的 SortedSet 和 HashMap 的结合体，一方面它是一个 set，保证了内部 value 的唯一性，另一方面它可以给每个 value 赋予一个 score，代表这个 value 的排序权重。它的内部实现用的是一种叫作"跳跃列表"的数据结构。

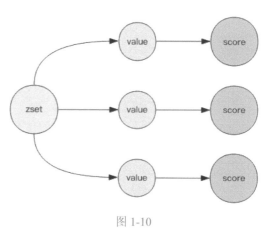

图 1-10

zset 中最后一个 value 被移除后，数据结构被自动删除，内存被回收。

zset 可以用来存储粉丝列表，value 值是粉丝的用户 ID，score 是关注时间。我们可以对粉丝列表按关注时间进行排序。

zset 还可以用来存储学生的成绩，value 值是学生的 ID，score 是他的考试成绩。我们对成绩按分数进行排序就可以得到他的名次。

```
> zadd books 9.0 "think in java"
(integer) 1
> zadd books 8.9 "java concurrency"
(integer) 1
> zadd books 8.6 "java cookbook"
(integer) 1
> zrange books 0 -1        # 按 score 排序列出, 参数区间为排名范围
1) "java cookbook"
2) "java concurrency"
```

```
3) "think in java"
> zrevrange books 0 -1      # 按 score 逆序列出，参数区间为排名范围
1) "think in java"
2) "java concurrency"
3) "java cookbook"
> zcard books               # 相当于 count()
(integer) 3
> zscore books "java concurrency"      # 获取指定 value 的 score
"8.9000000000000004"        # 内部 score 使用 double 类型进行存储，所以存
在小数点精度问题
> zrank books "java concurrency"        # 排名
(integer) 1
> zrangebyscore books 0 8.91            # 根据分值区间遍历 zset
1) "java cookbook"
2) "java concurrency"
> zrangebyscore books -inf 8.91 withscores # 根据分值区间 (-∞, 8.91]
遍历 zset，同时返回分值。inf 代表 infinite，无穷大的意思。
1) "java cookbook"
2) "8.5999999999999996"
3) "java concurrency"
4) "8.9000000000000004"
> zrem books "java concurrency"         # 删除 value
(integer) 1
> zrange books 0 -1
1) "java cookbook"
2) "think in java"
```

【跳跃列表】

　　zset 内部的排序功能是通过 "跳跃列表" 数据结构来实现的，它的结构非常特殊，也比较复杂。

　　因为 **zset** 要支持随机的插入和删除，所以它不宜使用数组来表示。我们先看一个普通的链表数据结构，如图 1-11 所示。

图 1-11

　　我们需要这个链表按照 score 值进行排序。这意味着当有新元素需要插入时，要定位到特定位置的插入点，这样才可以继续保证链表是有序的。通常我们会通过二分查找来找到插入点，但是二分查找的对象必须是数组，只有数组才可以支持快速

位置定位，链表做不到，那该怎么办？

假设有一家创业公司，刚开始只有几个人，团队成员之间人人平等，都是联合创始人。随着公司的成长，人数渐渐变多，团队沟通成本随之增加。这时候就会引入组长制，对团队进行划分。每个团队会有一个组长。开会的时候分团队进行，多个组长之间还会有自己的会议安排。当公司规模进一步扩展，需要再增加一个层级——部门，每个部门会从组长列表中推选出一个代表作为部长。部长们之间还会有自己的高层会议安排。

跳跃列表就类似于这种层级制，最下面一层所有的元素都会串起来。然后每隔几个元素挑选出一个代表，再将这几个代表使用另外一级指针串起来。然后在这些代表里再挑出二级代表，再串起来。最终就形成了金字塔结构。

想想你老家在世界地图中的位置：亚洲→中国→某省→某市→某县→某镇→某村→门牌某号，也是这样一个结构。

"跳跃列表"之所以"跳跃"，是因为内部的元素可能"身兼数职"，比如图 1-12 中间的这个元素，同时处于 L0、L1 和 L2 层中，可以快速在不同层次之间进行"跳跃"。

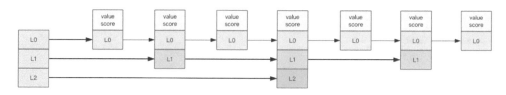

图 1-12

定位插入点时，先在顶层进行定位，然后下潜到下一级定位，一直下潜到最底层找到合适的位置，将新元素插进去。你也许会问，那新插入的元素如何才有机会"身兼数职"呢？

跳跃列表采取一个随机策略来决定新元素可以兼职到第几层。

首先其位于 L0 层的概率肯定是 100%，而兼职到 L1 层只有 50% 的概率，到 L2 层只有 25% 的概率，到 L3 层只有 12.5% 的概率，以此类推，一直随机到最顶层 L31 层。绝大多数元素都过不了几层，只有极少数元素可以深入到顶层。列表中的元素越多，能够深入的层次就越深，元素能进入到顶层的可能性就会越大。

关于跳跃列表的内部结构实现，请阅读本书第 5.5 节"凌波微步——探索'跳跃列表'内部"。

1.2.3　容器型数据结构的通用规则

list、set、hash、zset 这四种数据结构是容器型数据结构，它们共享下面两条通用规则。

1．create if not exists：如果容器不存在，那就创建一个，再进行操作。比如 rpush 操作刚开始是没有列表的，Redis 就会自动创建一个，然后再 rpush 进去新元素。

2．drop if no elements：如果容器里的元素没有了，那么立即删除容器，释放内存。这意味着 lpop 操作到最后一个元素，列表就消失了。

1.2.4　过期时间

Redis 所有的数据结构都可以设置过期时间，时间到了，Redis 会自动删除相应的对象。需要注意的是，过期是以对象为单位的，比如一个 hash 结构的过期是整个 hash 对象的过期，而不是其中的某个子 key 的过期。

还有一个需要特别注意的地方，如果一个字符串已经设置了过期时间，然后你调用 set 方法修改了它，它的过期时间会消失。

```
127.0.0.1:6379> set codehole yoyo
OK
127.0.0.1:6379> expire codehole 600
(integer) 1
127.0.0.1:6379> ttl codehole
(integer) 597
127.0.0.1:6379> set codehole yoyo
OK
127.0.0.1:6379> ttl codehole
(integer) -1
```

1.2.5　思考&作业

1．如果你是 Java 用户，请定义一个用户信息结构体，然后使用 fastjson 对用户信息对象进行序列化和反序列化，再使用 Jedis 对 Redis 缓存的用户信息进行存和取。

2．如果你是 Python 用户，使用内置的 JSON 包就可以了，然后通过 redis-py 来对 Redis 缓存的用户信息进行存和取。

3．想想如果要改成用 hash 结构来缓存用户信息，你该如何封装比较合适？

1.3 千帆竞发——分布式锁

分布式应用进行逻辑处理时经常会遇到并发问题。

如图 1-13 所示，一个操作要修改用户的状态。修改状态需要先读出用户的状态，在内存里进行修改，改完了再存回去。

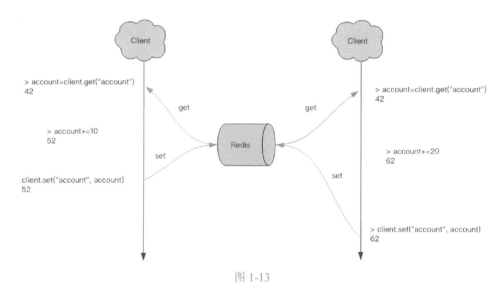

图 1-13

如果这样的操作同时进行，就会出现并发问题，因为"读取"和"保存状态"这两个操作不是原子操作。（原子操作是指不会被线程调度机制打断的操作。这种操作一旦开始，就会一直运行到结束，中间不会有任何线程切换。）

这个时候就要使用到分布式锁来限制程序的并发执行。Redis 分布式锁使用得非常广泛，它是面试的重要考点之一，很多同学都知道这个知识，也大致知道分布式锁的原理，但是具体到细节的掌握上，往往并不完全正确。

1.3.1 分布式锁的奥义

分布式锁本质上要实现的目标就是在 Redis 里面占一个"坑"，当别的进程也要来占坑时，发现那里已经有一根"大萝卜"了，就只好放弃或者稍后再试。

占坑一般使用 setnx(set if not exists) 指令，只允许被一个客户端占坑。先来先占，用完了，再调用 del 指令释放"坑"。

```
// 这里的冒号 ":" 就是一个普通的字符, 没特别含义, 它可以是其他任意字符, 别误解
> setnx lock:codehole true
OK
... do something critical ...
> del lock:codehole
(integer) 1
```

但是有个问题, 如果逻辑执行到中间出现异常了, 可能会导致 del 指令没有被调用, 这样就会陷入死锁, 锁永远得不到释放。

于是我们在拿到锁之后, 再给锁加上一个过期时间, 比如 5s, 这样即使中间出现异常也可以保证 5s 之后锁会自动释放。

```
> setnx lock:codehole true
OK
> expire lock:codehole 5
... do something critical ...
> del lock:codehole
(integer) 1
```

但是以上逻辑还有问题。如图 1-14 所示, 如果在 setnx 和 expire 之间服务器进程突然挂掉了, 可能是因为机器掉电或者是人为造成的, 就会导致 expire 得不到执行, 也会造成死锁。

死锁!

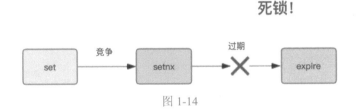

图 1-14

这种问题的根源就在于 setnx 和 expire 是两条指令而不是原子指令。如果这两条指令可以一起执行就不会出现问题。也许你会想到用 Redis 事务来解决, 但在这里不行, 因为 expire 是依赖于 setnx 的执行结果的, 如果 setnx 没抢到锁, expire 是不应该执行的。事务里没有 if-else 分支逻辑, 事务的特点是一口气执行, 要么全部执行, 要么一个都不执行。

为了解决这个疑难, Redis 开源社区涌现了许多分布式锁的 library, 专门用来解决这个问题, 实现方法极为复杂, 小白用户一般要费很大的精力才可以弄懂。如果

你需要使用分布式锁，意味着你不能仅仅使用 Jedis 或者 redis-py，还得引入分布式锁的 library。

为了治理这个乱象，在 Redis 2.8 版本中，作者加入了 set 指令的扩展参数，使得 setnx 和 expire 指令可以一起执行，彻底解决了分布式锁的乱象。从此以后所有的第三方分布式锁 library 都可以休息了。

```
> set lock:codehole true ex 5 nx
OK
... do something critical ...
> del lock:codehole
```

上面这个指令就是 setnx 和 expire 组合在一起的原子指令，它就是分布式锁的奥义所在。

1.3.2 超时问题

Redis 的分布式锁不能解决超时问题，如果在加锁和释放锁之间的逻辑执行得太长，以至于超出了锁的超时限制，就会出现问题。因为这时候第一个线程持有的锁过期了，临界区的逻辑还没有执行完，而同时第二个线程就提前重新持有了这把锁，导致临界区代码不能得到严格串行执行。

为了避免这个问题，Redis 分布式锁不要用于较长时间的任务。如果真的偶尔出现了问题，造成的数据小错乱可能需要人工介入解决。

```
tag = random.nextint()                      # 随机数
if redis.set(key, tag, nx=True, ex=5):
    do_something()
    redis.delifequals(key, tag)             # 假想的 delifequals 指令
```

有一个稍微安全一点的方案是将 set 指令的 value 参数设置为一个随机数，释放锁时先匹配随机数是否一致，然后再删除 key，这是为了确保当前线程占有的锁不会被其他线程释放，除非这个锁是因为过期了而被服务器自动释放的。

但是匹配 value 和删除 key 不是一个原子操作，Redis 也没有提供类似于 delifequals 这样的指令，这就需要使用 Lua 脚本来处理了，因为 Lua 脚本可以保证连续多个指令的原子性执行。

```
# delifequals
```

```
if redis.call("get",KEYS[1]) == ARGV[1] then
    return redis.call("del",KEYS[1])
else
    return 0
end
```

但是这也不是一个完美的方案，它只是相对安全一点，因为如果真的超时了，当前线程的逻辑没有执行完，其他线程也会乘虚而入。

1.3.3　可重入性

可重入性是指线程在持有锁的情况下再次请求加锁，如果一个锁支持同一个线程的多次加锁，那么这个锁就是可重入的。比如 Java 语言里有个 ReentrantLock 就是可重入锁。Redis 分布式锁如果要支持可重入，需要对客户端的 set 方法进行包装，使用线程的 Threadlocal 变量存储当前持有锁的计数。

```
# -*- coding: utf-8
import redis
import threading


locks = threading.local()
locks.redis = {}

def key_for(user_id):
    return "account_{}".format(user_id)

def _lock(client, key):
    return bool(client.set(key, True, nx=True, ex=5))

def _unlock(client, key):
    client.delete(key)

def lock(client, user_id):
    key = key_for(user_id)
    if key in locks.redis:
        locks.redis[key] += 1
        return True
    ok = _lock(client, key)
    if not ok:
        return False
    locks.redis[key] = 1
```

```
    return True

def unlock(client, user_id):
    key = key_for(user_id)
    if key in locks.redis:
        locks.redis[key] -= 1
        if locks.redis[key] <= 0:
            del locks.redis[key]
        return True
    return False

client = redis.StrictRedis()
print "lock", lock(client, "codehole")
print "lock", lock(client, "codehole")
print "unlock", unlock(client, "codehole")
print "unlock", unlock(client, "codehole")
```

　　以上还不是可重入锁的全部，精确一点还需要考虑内存锁计数的过期时间，代码复杂度将会继续升高。老钱不推荐使用可重入锁，它加重了客户端的复杂性，在编写业务方法时注意在逻辑结构上进行调整完全可以不使用可重入锁。下面是 Java 版本的可重入锁。

```java
public class RedisWithReentrantLock {

  private ThreadLocal<Map<String, Integer>> lockers = new ThreadLocal<>();

  private Jedis jedis;

  public RedisWithReentrantLock(Jedis jedis) {
    this.jedis = jedis;
  }

  private boolean _lock(String key) {
    return jedis.set(key, "", "nx", "ex", 5L) != null;
  }

  private void _unlock(String key) {
    jedis.del(key);
  }

  private Map<String, Integer> currentLockers() {
    Map<String, Integer> refs = lockers.get();
    if (refs != null) {
```

```
      return refs;
    }
    lockers.set(new HashMap<>());
    return lockers.get();
  }

  public boolean lock(String key) {
    Map<String, Integer> refs = currentLockers();
    Integer refCnt = refs.get(key);
    if (refCnt != null) {
      refs.put(key, refCnt + 1);
      return true;
    }
    boolean ok = this._lock(key);
    if (!ok) {
      return false;
    }
    refs.put(key, 1);
    return true;
  }

  public boolean unlock(String key) {
    Map<String, Integer> refs = currentLockers();
    Integer refCnt = refs.get(key);
    if (refCnt == null) {
      return false;
    }
    refCnt -= 1;
    if (refCnt > 0) {
      refs.put(key, refCnt);
    } else {
      refs.remove(key);
      this._unlock(key);
    }
    return true;
  }

  public static void main(String[] args) {
    Jedis jedis = new Jedis();
    RedisWithReentrantLock redis = new RedisWithReentrantLock(jedis);
    System.out.println(redis.lock("codehole"));
    System.out.println(redis.lock("codehole"));
    System.out.println(redis.unlock("codehole"));
    System.out.println(redis.unlock("codehole"));
```

```
    }

  }
```

其与 Python 版本区别不大，也是基于 ThreadLocal 和引用计数。

以上还不是分布式锁的全部，在本书第 4.3 节"拾遗补漏——再谈分布式锁"，老钱还会继续对分布式锁做进一步深入讲解。

1.3.4　思考&作业

1. Review 下你自己的项目代码中的分布式锁，它的使用方式是否标准、正确？
2. 如果你还没用过分布式锁，想想自己的项目是否可以用上。

1.4　缓兵之计——延时队列

我们平时习惯于使用 Rabbitmq 和 Kafka 作为消息队列中间件，在应用程序之间增加异步消息传递功能。这两个中间件都是专业的消息队列中间件，特性之多超出了大多数人的理解能力。

使用过 Rabbitmq 的同学知道它使用起来有多复杂，发消息之前要创建 Exchange，再创建 Queue，还要将 Queue 和 Exchange 通过某种规则绑定起来，发消息的时候要指定 routing-key，还要控制头部信息。消费者在消费消息之前也要进行上面一系列的烦琐过程。尤其是绝大多数情况下，即使我们的消息队列只有一组消费者，也需要经历上面这些烦琐的过程。

有了 Redis，它就可以让我们解脱出来。对于那些只有一组消费者的消息队列，使用 Redis 可以非常轻松地搞定。需要注意的是，Redis 的消息队列不是专业的消息队列，它没有非常多的高级特性，没有 ack 保证，如果对消息的可靠性有着极高要求，那么它就不适合使用。

1.4.1　异步消息队列

Redis 的 list（列表）数据结构常用来作为异步消息队列使用，用 rpush 和 lpush 操作入队列，用 lpop 和 rpop 操作出队列，如图 1-15 所示。

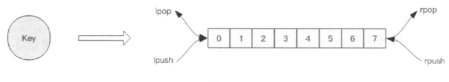

图 1-15

它可以支持多个生产者和多个消费者并发进出消息，每个消费者拿到的消息都是不同的列表元素，如图 1-16 所示。

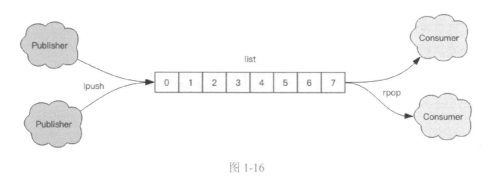

图 1-16

```
> rpush notify-queue apple banana pear
(integer) 3
> llen notify-queue
(integer) 3
> lpop notify-queue
"apple"
> llen notify-queue
(integer) 2
> lpop notify-queue
"banana"
> llen notify-queue
(integer) 1
> lpop notify-queue
"pear"
> llen notify-queue
(integer) 0
> lpop notify-queue
(nil)
```

上面是 rpush 和 lpop 结合使用的例子。还可以把 lpush 和 rpop 结合使用，效果是一样的。这里不再赘述。

1.4.2　队列空了怎么办

客户端通过队列的 pop 操作来获取消息，然后进行处理。处理完了再接着获取消息，再进行处理。如此循环，这便是作为队列消费者的客户端的生命周期。

可是如果队列空了，客户端就会陷入 pop 的死循环，不停地 pop，没有数据，接着再 pop，还没有数据。这就是浪费生命的空轮询。空轮询不但拉高了客户端的 CPU 消耗，Redis 的 QPS 也会被拉高，如果这样空轮询的客户端有几十个，Redis 的慢查询可能会显著增多。

通常我们使用 sleep 来解决这个问题，让线程睡一会，睡个 1s 就可以了。不但客户端的 CPU 消耗能降下来，Redis 的 QPS 也降下来了。

```
time.sleep(1)               # python 睡 1s
Thread.sleep(1000)          # java 睡 1s
```

1.4.3　阻塞读

用上面睡眠的办法可以解决问题。但是又有个小问题，那就是睡眠会导致消息的延迟增大。如果只有 1 个消费者，那么这个延迟就是 1s。如果有多个消费者，这个延迟会有所下降，因为每个消费者的睡眠时间是岔开的。

有什么办法能显著降低延迟呢？你当然可以很快想到：那就把睡眠的时间缩短点。这种方法当然可以，不过有没有更好的解决方案呢？当然也有，那就是 blpop/brpop。

这两个指令的前缀字符 b 代表的是 blocking，也就是阻塞读。

阻塞读在队列没有数据的时候，会立即进入休眠状态，一旦数据到来，则立刻醒过来。消息的延迟几乎为零。用 blpop/brpop 替代前面的 lpop/rpop，就完美解决了上面的问题。

1.4.4　空闲连接自动断开

你以为上面的方案真的很完美吗？先别急着开心，其实它还有个问题需要解决。

什么问题呢？答案是：空闲连接的问题。

如果线程一直阻塞在那里，Redis 的客户端连接就成了闲置连接，闲置过久，服务器一般会主动断开连接，减少闲置资源占用。这个时候 blpop/brpop 会抛出异常。

所以编写客户端消费者的时候要小心，如果捕获到异常，还要重试。

1.4.5　锁冲突处理

上一节我们讲了分布式锁的问题，但是没有提到客户端在处理请求时加锁没加成功怎么办。一般有以下 3 种策略来处理加锁失败。

1．直接抛出异常，通知用户稍后重试。

2．sleep 一会儿，然后再重试。

3．将请求转移至延时队列，过一会儿再试。

直接抛出特定类型的异常

这种方式比较适合由用户直接发起的请求。用户看到错误对话框后，会先阅读对话框的内容，再点击重试，这样就可以起到人工延时的效果。如果考虑到用户体验，可以由前端的代码替代用户来进行延时重试控制。它本质上是对当前请求的放弃，由用户决定是否重新发起新的请求。

sleep

sleep 会阻塞当前的消息处理线程，会导致队列的后续消息处理出现延迟。如果碰撞得比较频繁或者队列里消息比较多，sleep 可能并不合适。如果因为个别死锁的 key 导致加锁不成功，线程会彻底堵死，导致后续消息永远得不到及时处理。

延时队列

这种方式比较适合异步消息处理，将当前冲突的请求扔到另一个队列延后处理以避开冲突。

1.4.6　延时队列的实现

延时队列可以通过 Redis 的 zset（有序列表）来实现。我们将消息序列化成一个字符串作为 zset 的 value，这个消息的到期处理时间作为 score，然后用多个线程轮询 zset 获取到期的任务进行处理。多个线程是为了保障可用性，万一挂了一个线程还有其他线程可以继续处理。因为有多个线程，所以需要考虑并发争抢任务，确保任务不会被多次执行。

```
def delay(msg):
    msg.id = str(uuid.uuid4())  # 保证 value 值唯一
```

```
        value = json.dumps(msg)
        retry_ts = time.time() + 5  # 5s 后重试
        redis.zadd("delay-queue", retry_ts, value)


def loop():
    while True:
        # 最多取一条
        values = redis.zrangebyscore("delay-queue", 0, time.
time(), start=0, num=1)
        if not values:
            time.sleep(1)        # 延时队列空的，休息 1s
            continue
        value = values[0]        # 拿第一条，也只有一条
        # 从消息队列中移除该消息
        success = redis.zrem("delay-queue", value)
        if success:
            # 因为有多进程并发的可能，最终只会有一个进程可以抢到消息
            msg = json.loads(value)
            handle_msg(msg)
```

Redis 的 zrem 方法是多线程多进程争抢任务的关键，它的返回值决定了当前实例有没有抢到任务，因为 loop 方法可能会被多个线程、多个进程调用，同一个任务可能会被多个进程、多个线程抢到，要通过 zrem 来决定唯一的属主。

同时，我们要注意一定要对 handle_msg 进行异常捕获，避免因为个别任务处理问题导致循环异常退出。以下是 Java 版本的延时队列实现方法，因为要使用到 JSON 序列化，所以还需要 fastjson 库的支持。

```java
import java.lang.reflect.Type;
import java.util.Set;
import java.util.UUID;

import com.alibaba.fastjson.JSON;
import com.alibaba.fastjson.TypeReference;

import redis.clients.jedis.Jedis;

public class RedisDelayingQueue<T> {

  static class TaskItem<T> {
    public String id;
    public T msg;
```

```
  }

  // fastjson 序列化对象中存在 generic 类型时，需要使用 TypeReference
  private Type TaskType = new TypeReference<TaskItem<T>>() {
  }.getType();

  private Jedis jedis;
  private String queueKey;

  public RedisDelayingQueue(Jedis jedis, String queueKey) {
    this.jedis = jedis;
    this.queueKey = queueKey;
  }

  public void delay(T msg) {
    TaskItem<T> task = new TaskItem<T>();
    // 分配唯一的 uuid
    task.id = UUID.randomUUID().toString();
    task.msg = msg;
    // fastjson 序列化
    String s = JSON.toJSONString(task);
    // 塞入延时队列 ,5s 后再试
    jedis.zadd(queueKey, System.currentTimeMillis() + 5000, s);
  }

  public void loop() {
    while (!Thread.interrupted()) {
      // 只取一条
        Set<String> values = jedis.zrangeByScore(queueKey, 0,
System.currentTimeMillis(), 0, 1);
      if (values.isEmpty()) {
        try {
          Thread.sleep(500);                    // 歇会继续
        } catch (InterruptedException e) {
          break;
        }
        continue;
      }
      String s = values.iterator().next();
      if (jedis.zrem(queueKey, s) > 0) {        // 抢到了
        // fastjson 反序列化
        TaskItem<T> task = JSON.parseObject(s, TaskType);
        this.handleMsg(task.msg);
      }
```

```
    }
  }

  public void handleMsg(T msg) {
    System.out.println(msg);
  }

  public static void main(String[] args) {
    Jedis jedis = new Jedis();
      RedisDelayingQueue<String> queue = new RedisDelayingQueue<>
(jedis, "q-demo");
    Thread producer = new Thread() {

      public void run() {
        for (int i = 0; i < 10; i++) {
          queue.delay("codehole" + i);
        }
      }

    };
    Thread consumer = new Thread() {

      public void run() {
        queue.loop();
      }

    };
    producer.start();
    consumer.start();
    try {
      producer.join();
      Thread.sleep(6000);
      consumer.interrupt();
      consumer.join();
    } catch (InterruptedException e) {
    }
  }
}
```

1.4.7　进一步优化

在上面的算法中，同一个任务可能会被多个进程取到之后再使用 zrem 进行争抢，那些没抢到的进程都白取了一次任务，这是浪费。可以考虑使用 lua scripting 来优化一下这个逻辑，将 zrangebyscore 和 zrem 一同挪到服务器端进行原子化操作，这样多个进程之间争抢任务时就不会出现这种浪费了。

1.4.8 思考&作业

1. Redis 作为消息队列为什么不能保证 100% 的可靠性？
2. 使用 lua scripting 来优化延时队列的逻辑。

1.5 节衣缩食——位图

在我们平时的开发过程中，会有一些 bool 型数据需要存取，比如用户一年的签到记录，签了是 1，没签是 0，要记录 365 天。如果使用普通的 key/value，每个用户要记录 365 个，当用户数上亿的时候，需要的存储空间是惊人的。

为了解决这个问题，Redis 提供了位图数据结构，这样每天的签到记录只占据一个位，365 天就是 365 个位，46 个字节（一个稍长一点的字符串）就可以完全容纳下，这就大大节约了存储空间。位图的最小单位是比特(bit)，每个 bit 的取值只能是 0 或 1，如图 1-17 所示。

图 1-17

位图不是特殊的数据结构，它的内容其实就是普通的字符串，也就是 byte 数组。我们可以使用普通的 get/set 直接获取和设置整个位图的内容，也可以使用位图操作 getbit/setbit 等将 byte 数组看成"位数组"来处理。

以老钱的经验，在面试中有 Redis 位图使用经验的同学很少，如果你对 Redis 的位图有所了解，它将会是你的面试加分项。

1.5.1 基本用法

Redis 的位数组是自动扩展的，如果设置了某个偏移位置超出了现有的内容范围，就会自动将位数组进行零扩充。

接下来我们使用位操作将字符串设置为 hello（不是直接使用 set 指令），首先我们需要得到 hello 的 ASCII 码，用 Python 命令行可以很方便地得到每个字符的 ASCII

码的二进制值。

```
>>> bin(ord('h'))
'0b1101000'            # 高位 -> 低位
>>> bin(ord('e'))
'0b1100101'
>>> bin(ord('l'))
'0b1101100'
>>> bin(ord('l'))
'0b1101100'
>>> bin(ord('o'))
'0b1101111'
```

接下来我们使用 redis-cli 设置第一个字符，也就是位数组的前 8 位，我们只需要设置值为 1 的位，h 字符只有 1/2/4 位需要设置，e 字符只有 9/10/13/15 位需要设置。值得注意的是位数组的顺序和字符的位顺序是相反的，如图 1-18 所示。

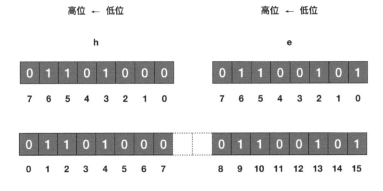

图 1-18

```
127.0.0.1:6379> setbit s 1 1
(integer) 0
127.0.0.1:6379> setbit s 2 1
(integer) 0
127.0.0.1:6379> setbit s 4 1
(integer) 0
127.0.0.1:6379> setbit s 9 1
(integer) 0
127.0.0.1:6379> setbit s 10 1
(integer) 0
```

```
127.0.0.1:6379> setbit s 13 1
(integer) 0
127.0.0.1:6379> setbit s 15 1
(integer) 0
127.0.0.1:6379> get s
"he"
```

　　上面这个例子可以理解为"零存整取"，同样我们还可以"零存零取"或者"整存零取"。"零存"就是使用 setbit 对位值进行逐个设置，"整存"就是使用字符串一次性填充所有位数组，覆盖掉旧值。

零存零取

　　使用单个位操作设置位值，使用单个位操作获取具体位值。

```
127.0.0.1:6379> setbit w 1 1
(integer) 0
127.0.0.1:6379> setbit w 2 1
(integer) 0
127.0.0.1:6379> setbit w 4 1
(integer) 0
127.0.0.1:6379> getbit w 1          # 获取某个具体位置的值 0/1
(integer) 1
127.0.0.1:6379> getbit w 2
(integer) 1
127.0.0.1:6379> getbit w 4
(integer) 1
127.0.0.1:6379> getbit w 5
(integer) 0
```

整存零取

　　使用字符串操作批量设置位值，使用单个位操作获取具体位值。

```
127.0.0.1:6379> set w h              # 整存
(integer) 0
127.0.0.1:6379> getbit w 1
(integer) 1
127.0.0.1:6379> getbit w 2
(integer) 1
127.0.0.1:6379> getbit w 4
(integer) 1
127.0.0.1:6379> getbit w 5
(integer) 0
```

如果对应位的字节是不可打印字符，redis-cli 会显示该字符的十六进制形式。

```
127.0.0.1:6379> setbit x 0 1
(integer) 0
127.0.0.1:6379> setbit x 1 1
(integer) 0
127.0.0.1:6379> get x
"\xc0"
```

1.5.2 统计和查找

Redis 提供了位图统计指令 bitcount 和位图查找指令 bitpos。bitcount 用来统计指定位置范围内 1 的个数，bitpos 用来查找指定范围内出现的第一个 0 或 1。

比如我们可以通过 bitcount 统计用户一共签到了多少天，通过 bitpos 指令查找用户从哪一天开始第一次签到。如果指定了范围参数 [start, end]，就可以统计在某个时间范围内用户签到了多少天，用户自某天以后的哪天开始签到。

遗憾的是，start 和 end 参数是字节索引，也就是说指定的位范围必须是 8 的倍数，而不能任意指定。这很奇怪，老钱不能理解 Antirez 为什么要这样设计。因为这个设计，我们无法直接计算某个月内用户签到了多少天，而必须将这个月所覆盖的字节内容全部取出来（getrange 可以取出字符串的子串），然后在内存里进行统计，这非常烦琐。

接下来我们简单试用一下 bitcount 指令和 bitpos 指令。

```
127.0.0.1:6379> set w hello
OK
127.0.0.1:6379> bitcount w
(integer) 21
127.0.0.1:6379> bitcount w 0 0    # 第一个字符中 1 的位数
(integer) 3
127.0.0.1:6379> bitcount w 0 1    # 前两个字符中 1 的位数
(integer) 7
127.0.0.1:6379> bitpos w 0        # 第一个 0 位
(integer) 0
127.0.0.1:6379> bitpos w 1        # 第一个 1 位
(integer) 1
127.0.0.1:6379> bitpos w 1 1 1    # 从第二个字符算起，第一个 1 位
(integer) 9
127.0.0.1:6379> bitpos w 1 2 2    # 从第三个字符算起，第一个 1 位
(integer) 17
```

1.5.3　魔术指令 bitfield

前文我们设置 （setbit）和获取（getbit）指定位的值都是单个位的，如果要一次操作多个位，就必须使用管道来处理。

不过 Redis 在 3.2 版本以后新增了一个功能强大的指令 bitfield，有了这条指令，不用管道也可以一次进行多个位的操作。

bitfield 有三个子指令，分别是 get、set、incrby，它们都可以对指定位片段进行读写，但是最多只能处理 64 个连续的位，如果超过 64 位，就得使用多个子指令，bitfield 可以一次执行多个子指令。

接下来我们对照图 1-19 看个简单的例子。

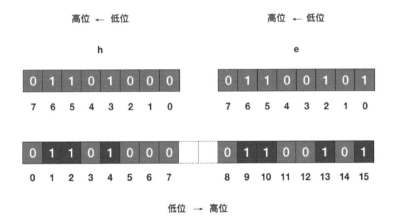

图 1-19

```
127.0.0.1:6379> set w hello
OK
127.0.0.1:6379> bitfield w get u4 0      # 从第一个位开始取 4 个位，结果
是无符号数 (u)
(integer) 6
127.0.0.1:6379> bitfield w get u3 2      # 从第三个位开始取 3 个位，结果
是无符号数 (u)
(integer) 5
127.0.0.1:6379> bitfield w get i4 0      # 从第一个位开始取 4 个位，结果
是有符号数 (i)
1) (integer) 6
127.0.0.1:6379> bitfield w get i3 2      # 从第三个位开始取 3 个位，结果
是有符号数 (i)
1) (integer) -3
```

所谓有符号数是指获取的位数组中第一个位是符号位，剩下的才是值。如果第一位是 1，那就是负数。无符号数表示非负数，没有符号位，获取的位数组全部都是值。有符号数最多可以获取 64 位，无符号数只能获取 63 位（因为 Redis 协议中的 integer 是有符号数，最大 64 位，不能传递 64 位无符号值）。如果超出位数限制，Redis 就会告诉你参数错误。

接下来我们一次执行多个子指令。

```
127.0.0.1:6379> bitfield w get u4 0 get u3 2 get i4 0 get i3 2
1) (integer) 6
2) (integer) 5
3) (integer) 6
4) (integer) -3
```

然后我们使用 set 子指令将第二个字符 e 改成 a，a 的 ASCII 码是 97。

```
127.0.0.1:6379> bitfield w set u8 8 97
                        # 从第 9 个位开始，将接下来的 8 个位用无符号数 97 替换
1) (integer) 101
127.0.0.1:6379> get w
"hallo"
```

再看第三个子指令 incrby，它用来对指定范围的位进行自增操作。既然提到自增，就有可能出现溢出。如果增加了正数，会出现上溢出，如果增加的是负数，会出现下溢出。Redis 默认的处理是折返。如果出现了溢出，就将溢出的符号位丢掉。如果是 8 位无符号数 255，加 1 后就会溢出，会全部变零。如果是 8 位有符号数 127，加 1 后就会溢出变成 -128。

接下来我们实践一下这个子指令 incrby 。

```
127.0.0.1:6379> set w hello
OK
127.0.0.1:6379> bitfield w incrby u4 2 1
                        # 从第三个位开始，对接下来的 4 位无符号数 +1
1) (integer) 11
127.0.0.1:6379> bitfield w incrby u4 2 1
1) (integer) 12
127.0.0.1:6379> bitfield w incrby u4 2 1
1) (integer) 13
127.0.0.1:6379> bitfield w incrby u4 2 1
1) (integer) 14
```

```
127.0.0.1:6379> bitfield w incrby u4 2 1
1) (integer) 15
127.0.0.1:6379> bitfield w incrby u4 2 1   # 溢出折返了
1) (integer) 0
```

bitfield 指令提供了溢出策略子指令 overflow，用户可以选择溢出行为，默认是折返（wrap），还可以选择失败（fail）——报错不执行，以及饱和截断（sat）——超过了范围就停留在最大或最小值。overflow 指令只影响接下来的第一条指令，这条指令执行完后溢出策略会变成默认值折返（wrap）。

接下来我们分别试试这两个策略的行为。

饱和截断（sat）

```
127.0.0.1:6379> set w hello
OK
127.0.0.1:6379> bitfield w overflow sat incrby u4 2 1
1) (integer) 11
127.0.0.1:6379> bitfield w overflow sat incrby u4 2 1
1) (integer) 12
127.0.0.1:6379> bitfield w overflow sat incrby u4 2 1
1) (integer) 13
127.0.0.1:6379> bitfield w overflow sat incrby u4 2 1
1) (integer) 14
127.0.0.1:6379> bitfield w overflow sat incrby u4 2 1
1) (integer) 15
127.0.0.1:6379> bitfield w overflow sat incrby u4 2 1   # 保持最大值
1) (integer) 15
```

失败不执行（fail）

```
127.0.0.1:6379> set w hello
OK
127.0.0.1:6379> bitfield w overflow fail incrby u4 2 1
1) (integer) 11
127.0.0.1:6379> bitfield w overflow fail incrby u4 2 1
1) (integer) 12
127.0.0.1:6379> bitfield w overflow fail incrby u4 2 1
1) (integer) 13
127.0.0.1:6379> bitfield w overflow fail incrby u4 2 1
1) (integer) 14
127.0.0.1:6379> bitfield w overflow fail incrby u4 2 1
1) (integer) 15
```

```
127.0.0.1:6379> bitfield w overflow fail incrby u4 2 1  # 不执行
1) (nil)
```

1.5.4　思考&作业

1. 文中我们使用位操作设置了 he 两个字符，请读者将完整的 hello 单词中 5 个字符都使用位操作设置一下。

2. bitfield 可以同时混合执行多个 set/get/incrby 子指令，请读者尝试完成。

1.6　四两拨千斤——HyperLogLog

在开始本节之前，我们先思考一个常见的业务问题：如果你负责开发维护一个大型的网站，有一天老板找产品经理要网站上每个网页每天的 UV 数据，然后让你来开发这个统计模块，你会如何实现？

如果统计 PV，那非常好办，给每个网页配一个独立的 Redis 计数器就可以了，把这个计数器的 key 后缀加上当天的日期。这样来一个请求，执行 incrby 指令一次，最终就可以统计出所有的 PV 数据。

但是 UV 不一样，它要去重，同一个用户一天之内的多次访问请求只能计数一次。这就要求每一个网页请求都需要带上用户的 ID，无论是登录用户还是未登录用户都需要一个唯一 ID 来标识。

你也许已经想到了一个简单的方案，那就是为每一个页面设置一个独立的 set 集合来存储所有当天访问过此页面的用户 ID。当一个请求过来时，我们使用 sadd 将用户 ID 塞进去就可以了。通过 scard 可以取出这个集合的大小，这个数字就是这个页面的 UV 数据。没错，这是一个非常简单的可行方案。

但是，如果你的页面访问量非常大，比如一个爆款页面可能有几千万个 UV，你就需要一个很大的 set 集合来统计，这就非常浪费空间。如果这样的页面很多，那所需要的存储空间是惊人的。为这样一个去重功能就耗费这样多的存储空间，值得吗？其实老板所需要的数据并不需要太精确，105 万和 106 万这两个数字对于老板来说并没有多大区别。那么，有没有更好的解决方案呢？

如图 1-20 所示，其中的橙色方块 HyperLogLog 就是本节要引入的一个解决方案。Redis 提供的 HyperLogLog 数据结构就是用来解决这种统计问题的。HyperLogLog 提供不精确的去重计数方案，虽然不精确，但是也不是非常离谱，标准误差是 0.81%，这样的精确度已经可以满足上面的 UV 统计需求了。

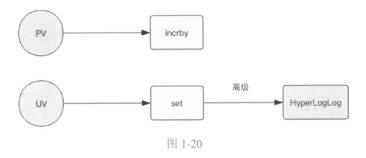

图 1-20

HyperLogLog 数据结构是 Redis 的高级数据结构，它非常有用，但是令人感到意外的是，使用过它的人非常少。

1.6.1　使用方法

HyperLogLog 提供了两个指令 pfadd 和 pfcount，根据字面意思很好理解，一个是增加计数，一个是获取计数。pfadd 和 set 集合的 sadd 的用法是一样的，来一个用户 ID，就将用户 ID 塞进去就是。pfcount 和 scard 的用法是一样的，直接获取计数值。

```
127.0.0.1:6379> pfadd codehole user1
(integer) 1
127.0.0.1:6379> pfcount codehole
(integer) 1
127.0.0.1:6379> pfadd codehole user2
(integer) 1
127.0.0.1:6379> pfcount codehole
(integer) 2
127.0.0.1:6379> pfadd codehole user3
(integer) 1
127.0.0.1:6379> pfcount codehole
(integer) 3
127.0.0.1:6379> pfadd codehole user4
(integer) 1
127.0.0.1:6379> pfcount codehole
(integer) 4
127.0.0.1:6379> pfadd codehole user5
(integer) 1
127.0.0.1:6379> pfcount codehole
(integer) 5
127.0.0.1:6379> pfadd codehole user6
```

```
(integer) 1
127.0.0.1:6379> pfcount codehole
(integer) 6
127.0.0.1:6379> pfadd codehole user7 user8 user9 user10
(integer) 1
127.0.0.1:6379> pfcount codehole
(integer) 10
```

老钱简单试了一下，发现结果还蛮精确的，一个没多也一个没少。接下来我们使用脚本，往里面灌更多的数据，看看它是否还可以继续精确下去，假如结果变得不精确，看看差距又有多大。

人生苦短，我用 Python！ Python 脚本走起来！

```
# coding: utf-8

import redis

client = redis.StrictRedis()
for i in range(1000):
    client.pfadd("codehole", "user%d" % i)
    total = client.pfcount("codehole")
    if total != i+1:
        print total, i+1
        break
```

当然 Java 也不错，大同小异，下面是 Java 版本。

```
public class PfTest {
  public static void main(String[] args) {
    Jedis jedis = new Jedis();
    for (int i = 0; i < 1000; i++) {
      jedis.pfadd("codehole", "user" + i);
      long total = jedis.pfcount("codehole");
      if (total != i + 1) {
        System.out.printf("%d %d\n", total, i + 1);
        break;
      }
    }
    jedis.close();
  }
}
```

我们来看下输出。

```
> python pftest.py
99 100
```

当我们加入第 100 个元素时，结果开始出现了不一致。接下来我们将数据增加到 10 万个，看看总量差距有多大。

```
# coding: utf-8

import redis

client = redis.StrictRedis()
for i in range(100000):
    client.pfadd("codehole", "user%d" % i)
print 100000, client.pfcount("codehole")
```

Java 版如下。

```java
public class JedisTest {
  public static void main(String[] args) {
    Jedis jedis = new Jedis();
    for (int i = 0; i < 100000; i++) {
      jedis.pfadd("codehole", "user" + i);
    }
    long total = jedis.pfcount("codehole");
    System.out.printf("%d %d\n", 100000, total);
    jedis.close();
  }
}
```

跑了约半分钟，我们看下输出。

```
> python pftest.py
100000 99723
```

差了 277 个，按照百分比是 0.277%，对于上面的 UV 统计需求来说，误差率也不算高。然后我们把上面的脚本再跑一遍，也就相当于将数据重复加一遍，再查看输出，可以发现，pfcount 的结果没有任何改变，还是 99723，说明它确实具备去重功能。

1.6.2　pfadd 中的 pf 是什么意思

图 1-21 所示的是 HyperLogLog 这个数据结构的发明人 Philippe Flajolet，pf 是他的名字的首字母缩写。老钱觉得他的发型很酷，看起来是个佛系教授。

图 1-21

1.6.3　pfmerge 适合的场合

HyperLogLog 除了提供上面的 pfadd 和 pfcount 之外，还提供了第三个指令 pfmerge，用于将多个 pf 计数值累加在一起形成一个新的 pf 值。

比如在网站中我们有两个内容差不多的页面，运营说需要对这两个页面的数据进行合并，其中页面的 UV 访问量也需要合并，那这个时候 pfmerge 就可以派上用场了。

1.6.4　注意事项

HyperLogLog 这个数据结构不是免费的。这倒不是说使用这个数据结构要花钱，而是因为它需要占据 12KB 的存储空间，所以不适合统计单个用户相关的数据。如果你的用户有上亿个，可以算算，这个空间成本是非常惊人的。但是相比 set 存储方案，HyperLogLog 所使用的空间那就只能算九牛之一毛了。

不过你也不必过于担心，因为 Redis 对 HyperLogLog 的存储进行了优化，在计数比较小时，它的存储空间采用稀疏矩阵存储，空间占用很小，仅仅在计数慢慢变大、稀疏矩阵占用空间渐渐超过了阈值时，才会一次性转变成稠密矩阵，才会占用 12KB 的空间。

1.6.5　HyperLogLog 实现原理

HyperLogLog 的使用非常简单，但是实现原理比较复杂，如果读者没有特别的兴趣，下面的内容暂时可以跳过不看。

为了方便理解 HyperLogLog 的内部实现原理，老钱绘制了图 1-22，读者只要理解了这张图，HyperLogLog 的实现原理就明白了大半。

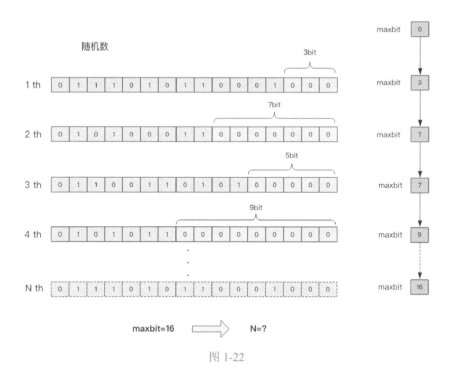

图 1-22

　　这张图的意思是，给定一系列的随机整数，我们记录下低位连续零位的最大长度 K，这个参数就是图中的 maxbit，通过这个 K 值可以估算出随机数的数量 N。

　　我们编写代码做一个实验，观察一下随机整数的数量 N 和 K 值的关系。

```python
import math
import random

# 算出低位零的个数
def low_zeros(value):
    for i in xrange(1, 32):
        if value >> i << i != value:
            break
    return i - 1


# 通过随机数记录最大的低位零的个数
class BitKeeper(object):

    def __init__(self):
        self.maxbits = 0
```

```python
    def random(self):
        value = random.randint(0, 2**32-1)
        bits = low_zeros(value)
        if bits > self.maxbits:
            self.maxbits = bits


class Experiment(object):

    def __init__(self, n):
        self.n = n
        self.keeper = BitKeeper()

    def do(self):
        for i in range(self.n):
            self.keeper.random()

    def debug(self):
        print self.n, '%.2f' % math.log(self.n, 2), self.keeper.
maxbits


for i in range(1000, 100000, 100):
    exp = Experiment(i)
    exp.do()
    exp.debug()
```

Java 版如下。

```java
public class PfTest {

  static class BitKeeper {
    private int maxbits;

    public void random() {
      long value = ThreadLocalRandom.current().nextLong(2L << 32);
      int bits = lowZeros(value);
      if (bits > this.maxbits) {
        this.maxbits = bits;
      }
    }

    private int lowZeros(long value) {
```

```
      int i = 1;
      for (; i < 32; i++) {
        if (value >> i << i != value) {
          break;
        }
      }
      return i - 1;
    }
  }

  static class Experiment {
    private int n;
    private BitKeeper keeper;

    public Experiment(int n) {
      this.n = n;
      this.keeper = new BitKeeper();
    }

    public void work() {
      for (int i = 0; i < n; i++) {
        this.keeper.random();
      }
    }

    public void debug() {
      System.out.printf("%d %.2f %d\n", this.n, Math.log(this.n) /
Math.log(2), this.keeper.maxbits);
    }
  }

  public static void main(String[] args) {
    for (int i = 1000; i < 100000; i += 100) {
      Experiment exp = new Experiment(i);
      exp.work();
      exp.debug();
    }
  }

}
```

输出如下。

```
36400 15.15 13
```

```
36500 15.16 16
36600 15.16 13
36700 15.16 14
36800 15.17 15
36900 15.17 18
37000 15.18 16
37100 15.18 15
37200 15.18 13
37300 15.19 14
37400 15.19 16
37500 15.19 14
37600 15.20 15
```

通过这实验可以发现 K 和 N 的对数之间存在显著的线性相关性。

```
N=2^K   # 约等于
```

如果 N 介于 2^K 和 2^{K+1} 之间，用这种方式估计的值都等于 2^K，这明显是不合理的。这里可以采用多个 BitKeeper，然后进行加权估计，就可以得到一个比较准确的值。

```python
import math
import random

def low_zeros(value):
    for i in xrange(1, 32):
        if value >> i << i != value:
            break
    return i - 1


class BitKeeper(object):

    def __init__(self):
        self.maxbits = 0

    def random(self, m):
        bits = low_zeros(m)
        if bits > self.maxbits:
            self.maxbits = bits


class Experiment(object):
```

```python
    def __init__(self, n, k=1024):
        self.n = n
        self.k = k
        self.keepers = [BitKeeper() for i in range(k)]

    def do(self):
        for i in range(self.n):
            m = random.randint(0, 1<<32-1)
            # 确保同一个整数被分配到同一个桶里面，摘取高位后取模
            keeper = self.keepers[((m & 0xfff0000) >> 16) %
len(self.keepers)]
            keeper.random(m)

    def estimate(self):
        sumbits_inverse = 0                          # 零位数倒数
        for keeper in self.keepers:
            sumbits_inverse += 1.0/float(keeper.maxbits)
        avgbits = float(self.k)/sumbits_inverse      # 平均零位数
        return 2**avgbits * self.k       # 根据桶的数量对估计值进行放大


for i in range(100000, 1000000, 100000):
    exp = Experiment(i)
    exp.do()
    est = exp.estimate()
    print i, '%.2f' % est, '%.2f' % (abs(est-i) / i)
```

下面是 Java 版。

```java
public class PfTest {

  static class BitKeeper {
    private int maxbits;

    public void random(long value) {
      int bits = lowZeros(value);
      if (bits > this.maxbits) {
        this.maxbits = bits;
      }
    }

    private int lowZeros(long value) {
      int i = 1;
```

```
      for (; i < 32; i++) {
        if (value >> i << i != value) {
          break;
        }
      }
      return i - 1;
    }
  }

  static class Experiment {
    private int n;
    private int k;
    private BitKeeper[] keepers;

    public Experiment(int n) {
      this(n, 1024);
    }

    public Experiment(int n, int k) {
      this.n = n;
      this.k = k;
      this.keepers = new BitKeeper[k];
      for (int i = 0; i < k; i++) {
        this.keepers[i] = new BitKeeper();
      }
    }

    public void work() {
      for (int i = 0; i < this.n; i++) {
        long m = ThreadLocalRandom.current().nextLong(1L << 32);
        BitKeeper keeper = keepers[(int) (((m & 0xfff0000) >> 16)
% keepers.length)];
        keeper.random(m);
      }
    }

    public double estimate() {
      double sumbitsInverse = 0.0;
      for (BitKeeper keeper : keepers) {
        sumbitsInverse += 1.0 / (float) keeper.maxbits;
      }
      double avgBits = (float) keepers.length / sumbitsInverse;
      return Math.pow(2, avgBits) * this.k;
    }
```

```
  }

  public static void main(String[] args) {
    for (int i = 100000; i < 1000000; i += 100000) {
      Experiment exp = new Experiment(i);
      exp.work();
      double est = exp.estimate();
      System.out.printf("%d %.2f %.2f\n", i, est, Math.abs(est - i) / i);
    }
  }

}
```

代码中分了 1024 个桶，计算平均数使用了调和平均（倒数的平均）。普通的平均法可能因为个别离群值对平均结果产生较大的影响，调和平均可以有效平滑离群值的影响。

```
avg=(3+4+5+104)=29
avg=4/(1/3+1/4+1/5+1/101)=5.044
```

观察脚本的输出，误差率百分比控制在个位数。

```
100000 97287.38 0.03
200000 189369.02 0.05
300000 287770.04 0.04
400000 401233.52 0.00
500000 491704.97 0.02
600000 604233.92 0.01
700000 721127.67 0.03
800000 832308.12 0.04
900000 870954.86 0.03
1000000 1075497.64 0.08
```

真实的 HyperLogLog 要比上面的示例代码更加复杂一些，也更加精确一些。上面的这个算法在随机次数很少的情况下会出现除零错误，因为 maxbits=0 是不可以求倒数的。

1.6.6　pf 的内存占用为什么是 12KB

我们在上面的算法中使用了 1024 个桶进行独立计数，不过在 Redis 的 HyperLogLog 实现中用的是 16384 个桶，也就是 2^{14}，每个桶的 maxbits 需要 6 个 bit

来存储，最大可以表示 maxbits=63，于是总共占用内存就是 "$(2^{14}) \times 6 / 8$"，算出来的结果即是 12KB。

尝试将一堆数据进行分组，分别进行计数，再使用 pfmerge 合并到一起，观察 pfcount 计数值，与不分组的情况下的统计结果进行比较，观察有没有差异。

1.7　层峦叠嶂——布隆过滤器

上节我们学会了使用 HyperLogLog 数据结构来进行估数，它非常有价值，可以解决很多精确度要求不高的统计问题。

但是如果我们想知道某一个值是不是已经在 HyperLogLog 结构里面了，它就无能为力了。它只提供了 pfadd 和 pfcount 方法，没有提供 pfcontains 方法。

讲个使用场景，比如我们在使用新闻客户端看新闻时，它会给我们不停地推荐新的内容，而它每次推荐时都要去重，以去掉那些我们已经看过的内容。那么问题来了，新闻客户端推荐系统是如何实现推送去重的？

你可能会想到：服务器已经记录了用户看过的所有历史记录，当推荐系统推送新闻时可以从每个用户的历史记录里进行筛选，以过滤掉那些已经存在的记录。问题是，当用户量很大、每个用户看过的新闻又很多的情况下，使用这种方式，推荐系统的去重工作在性能上能跟得上吗？

实际上，如果历史记录存储在关系数据库里，去重就需要频繁地对数据库进行 exists 查询，当系统并发量很高时，数据库是很难扛住压力的。

你可能又想到了缓存，但是将如此多的历史记录全部缓存起来，那得浪费多大存储空间啊？而且这个存储空间是随着时间线性增长的，就算你撑得住一个月，你能撑得住几年吗？但是不缓存的话，性能又跟不上，这该怎么办？

如图 1-23 所示，高级数据结构布隆过滤器（Bloom Filter）闪亮登场了，它就是专门用来解决这种去重问题的。它在起到去重作用的同时，在空间上还能节省 90% 以上，只是稍微有那么点不精确，也就是有一定的误判概率。

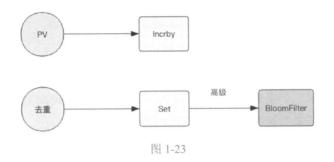

图 1-23

1.7.1　布隆过滤器是什么

可以把布隆过滤器理解为一个不怎么精确的 set 结构，当你使用它的 contains 方法判断某个对象是否存在时，它可能会误判。但是布隆过滤器也不是特别不精确，只要参数设置得合理，它的精确度也可以控制得相对足够精确，只会有小小的误判概率。

当布隆过滤器说某个值存在时，这个值可能不存在；当它说某个值不存在时，那就肯定不存在。打个比方，当它说不认识你时，肯定就是真的不认识；而当它说认识你时，却有可能根本没见过你，只是因为你的脸跟它认识的某人的脸比较相似（某些熟脸的系数组合），所以误判以前认识你。

套在上面的使用场景中，布隆过滤器能准确过滤掉那些用户已经看过的内容，那些用户没有看过的新内容，它也会过滤掉极小一部分（误判），但是绝大多数新内容它都能准确识别。这样就可以保证推荐给用户的内容都是无重复的。

1.7.2　Redis 中的布隆过滤器

Redis 官方提供的布隆过滤器到了 Redis 4.0 提供了插件功能之后才正式登场。布隆过滤器作为一个插件加载到 Redis Server 中，给 Redis 提供了强大的布隆去重功能。

下面我们来体验一下 Redis 4.0 的布隆过滤器，为了省去烦琐的安装过程，我们直接用 Docker 吧。

```
> docker pull redislabs/rebloom          # 拉取镜像
> docker run -p6379:6379 redislabs/rebloom    # 运行容器
> redis-cli                              # 连接容器中的 Redis 服务
```

如果上面三条指令执行没有问题，下面就可以体验布隆过滤器了。

1.7.3　布隆过滤器的基本用法

布隆过滤器有两个基本指令，bf.add 和 bf.exists。bf.add 添加元素，bf.exists 查询元素是否存在，它们的用法和 set 集合的 sadd 和 sismember 差不多。注意 bf.add 只能一次添加一个元素，如果想要一次添加多个，就需要用到 bf.madd 指令。同样如果需要一次查询多个元素是否存在，就需要用到 bf.mexists 指令。

```
127.0.0.1:6379> bf.add codehole user1
(integer) 1
127.0.0.1:6379> bf.add codehole user2
(integer) 1
127.0.0.1:6379> bf.add codehole user3
(integer) 1
127.0.0.1:6379> bf.exists codehole user1
(integer) 1
127.0.0.1:6379> bf.exists codehole user2
(integer) 1
127.0.0.1:6379> bf.exists codehole user3
(integer) 1
127.0.0.1:6379> bf.exists codehole user4
(integer) 0
127.0.0.1:6379> bf.madd codehole user4 user5 user6
1) (integer) 1
2) (integer) 1
3) (integer) 1
127.0.0.1:6379> bf.mexists codehole user4 user5 user6 user7
1) (integer) 1
2) (integer) 1
3) (integer) 1
4) (integer) 0
```

上面的结果似乎很准确，一个误判都没有。下面我们用 Python 脚本加入很多元素，看看加到第几个元素的时候，布隆过滤器会出现误判。

```
# coding: utf-8

import redis

client = redis.StrictRedis()

client.delete("codehole")
for i in range(100000):
```

```
client.execute_command("bf.add", "codehole", "user%d" % i)
ret = client.execute_command("bf.exists", "codehole", "user%d" % i)
if ret == 0:
    print i
    break
```

Java 客户端 Jedis-2.x 没有提供指令扩展机制，所以你无法直接使用 Jedis 来访问 Redis Module 提供的 bf.xxx 指令。RedisLabs 提供了一个单独的包 JReBloom，但是 它是基于 Jedis-3.0，而 Jedis-3.0 这个包目前（截至 2018 年 9 月）还没有进入 release 阶段，没有进入 maven 的中央仓库，需要在 Github 上下载，想使用的话很不方便。 如果你怕麻烦，还可以使用 lettuce，它是另一个 Redis 的客户端，相比 Jedis 而言， 它很早就支持了指令扩展。

```
public class BloomTest {

  public static void main(String[] args) {
    Client client = new Client();

    client.delete("codehole");
    for (int i = 0; i < 100000; i++) {
      client.add("codehole", "user" + i);
      boolean ret = client.exists("codehole", "user" + i);
      if (!ret) {
        System.out.println(i);
        break;
      }
    }

    client.close();
  }

}
```

执行上面的代码后，你会非常惊讶，居然没有输出——塞进去了 100000 个元素， 还是没有误判，这是怎么回事？如果你不死心的话，可以将数字再加一个 0 试试， 你会发现依然没有误判。

原因就在于布隆过滤器对于已经见过的元素肯定不会误判，它只会误判那些没 见过的元素。所以我们要稍微改一下上面的脚本，使用 bf.exists 去查找没见过的元素， 看看它是不是以为自己见过了。

```
# coding: utf-8

import redis

client = redis.StrictRedis()

client.delete("codehole")
for i in range(100000):
    client.execute_command("bf.add", "codehole", "user%d" % i)
    # 注意 i+1，这个是当前布隆过滤器没见过的
    ret = client.execute_command("bf.exists", "codehole", "user%d" % (i+1))
    if ret == 1:
        print i
        break
```

Java 版如下。

```
public class BloomTest {

  public static void main(String[] args) {
    Client client = new Client();

    client.delete("codehole");
    for (int i = 0; i < 100000; i++) {
      client.add("codehole", "user" + i);
      boolean ret = client.exists("codehole", "user" + (i + 1));
      if (ret) {
        System.out.println(i);
        break;
      }
    }

    client.close();
  }

}
```

运行后，我们看到了输出是 214，也就是到第 214 个元素的时候，它出现了误判。

那如何来测量误判率呢？我们先随机出一堆字符串，然后切分为两组，将其中一组塞入布隆过滤器，然后再判断另外一组的字符串存在与否，取误判的个数和字符串总量一半的百分比作为误判率。

```
# coding: utf-8
```

```python
import redis
import random

client = redis.StrictRedis()

CHARS = ''.join([chr(ord('a') + i) for i in range(26)])

def random_string(n):
    chars = []
    for i in range(n):
        idx = random.randint(0, len(CHARS) - 1)
        chars.append(CHARS[idx])
    return '' .join(chars)


users = list(set([random_string(64) for i in range(100000)]))
print 'total users', len(users)
users_train = users[:len(users)/2]
users_test = users[len(users)/2:]

client.delete("codehole")
falses = 0

for user in users_train:
    client.execute_command("bf.add", "codehole", user)
print 'all trained'
for user in users_test:
    ret = client.execute_command("bf.exists", "codehole", user)
    if ret == 1:
        falses += 1

print falses, len(users_test)
```

Java 版如下。

```java
public class BloomTest {

  private String chars;
  {
    StringBuilder builder = new StringBuilder();
    for (int i = 0; i < 26; i++) {
      builder.append((char) ('a' + i));
    }
    chars = builder.toString();
```

```java
  }

  private String randomString(int n) {
    StringBuilder builder = new StringBuilder();
    for (int i = 0; i < n; i++) {
      int idx = ThreadLocalRandom.current().nextInt(chars.length());
      builder.append(chars.charAt(idx));
    }
    return builder.toString();
  }

  private List<String> randomUsers(int n) {
    List<String> users = new ArrayList<>();
    for (int i = 0; i < 100000; i++) {
      users.add(randomString(64));
    }
    return users;
  }

  public static void main(String[] args) {
    BloomTest bloomer = new BloomTest();
    List<String> users = bloomer.randomUsers(100000);
    List<String> usersTrain = users.subList(0, users.size() / 2);
    List<String> usersTest = users.subList(users.size() / 2, users.size());

    Client client = new Client();
    client.delete("codehole");
    for (String user : usersTrain) {
      client.add("codehole", user);
    }
    int falses = 0;
    for (String user : usersTest) {
      boolean ret = client.exists("codehole", user);
      if (ret) {
        falses++;
      }
    }
    System.out.printf("%d %d\n", falses, usersTest.size());
    client.close();
  }

}
```

运行一下，等待大约一分钟，输出如下。

```
total users 100000
all trained
628 50000
```

可以看到误判率大约 1% 多一点。你可能会认为这个误判率还是有点高，那么有没有办法降低一点呢？答案是有的。

我们上面使用的布隆过滤器只是默认参数的布隆过滤器，它在我们第一次 add 的时候自动创建。Redis 其实还提供了自定义参数的布隆过滤器，需要我们在 add 之前使用 bf.reserve 指令显式创建。如果对应的 key 已经存在，bf.reserve 会报错。bf.reserve 有三个参数，分别是 key、error_rate（错误率）和 initial_size。

error_rate 越低，需要的空间越大。

initial_size 表示预计放入的元素数量，当实际数量超出这个数值时，误判率会上升，所以需要提前设置一个较大的数值避免超出导致误判率升高。

如果不使用 bf.reserve，默认的 error_rate 是 0.01，默认的 initial_size 是 100。

接下来我们使用 bf.reserve 改造一下上面的脚本。

```python
# coding: utf-8

import redis
import random

client = redis.StrictRedis()

CHARS = ''.join([chr(ord('a') + i) for i in range(26)])

def random_string(n):
    chars = []
    for i in range(n):
        idx = random.randint(0, len(CHARS) - 1)
        chars.append(CHARS[idx])
    return ''.join(chars)


users = list(set([random_string(64) for i in range(100000)]))
print 'total users', len(users)
users_train = users[:len(users)/2]
users_test = users[len(users)/2:]
```

```
falses = 0
client.delete("codehole")
# 增加了下面这一句
client.execute_command("bf.reserve", "codehole", 0.001, 50000)
for user in users_train:
    client.execute_command("bf.add", "codehole", user)
print  'all trained'
for user in users_test:
    ret = client.execute_command("bf.exists", "codehole", user)
    if ret == 1:
        falses += 1

print falses, len(users_test)
```

Java 版本如下。

```java
public class BloomTest {

  private String chars;
  {
    StringBuilder builder = new StringBuilder();
    for (int i = 0; i < 26; i++) {
      builder.append((char) ('a' + i));
    }
    chars = builder.toString();
  }

  private String randomString(int n) {
    StringBuilder builder = new StringBuilder();
    for (int i = 0; i < n; i++) {
        int idx = ThreadLocalRandom.current().nextInt(chars.
length());
      builder.append(chars.charAt(idx));
    }
    return builder.toString();
  }

  private List<String> randomUsers(int n) {
    List<String> users = new ArrayList<>();
    for (int i = 0; i < 100000; i++) {
      users.add(randomString(64));
    }
    return users;
  }
```

```
public static void main(String[] args) {
  BloomTest bloomer = new BloomTest();
  List<String> users = bloomer.randomUsers(100000);
  List<String> usersTrain = users.subList(0, users.size() / 2);
   List<String> usersTest = users.subList(users.size() / 2,
users.size());

  Client client = new Client();
  client.delete("codehole");
  // 对应 bf.reserve 指令
  client.createFilter("codehole", 50000, 0.001);
  for (String user : usersTrain) {
    client.add("codehole", user);
  }
  int falses = 0;
  for (String user : usersTest) {
    boolean ret = client.exists("codehole", user);
    if (ret) {
      falses++;
    }
  }
  System.out.printf("%d %d\n", falses, usersTest.size());
  client.close();
  }

}
```

运行一下，等待约 1 分钟，输出如下。

```
total users 100000
all trained
6 50000
```

我们看到了误判率大约 0.012%，比预计的 0.1% 低很多，不过布隆过滤器的预计误判率是有误差的，实际误判率只要不比预计误判率高太多，都是正常现象。

1.7.4　注意事项

布隆过滤器的 initial_size 设置得过大，会浪费存储空间，设置得过小，就会影响准确率，用户在使用之前一定要尽可能地精确估计元素数量，还需要加上一定的冗余空间以避免实际元素可能会意外高出估计值很多。

布隆过滤器的 error_rate 越小，需要的存储空间就越大，对于不需要过于精确的场合，error_rate 设置稍大一点也无伤大雅。比如在新闻客户端的去重应用上，误判率高一点只会让小部分文章不能被合适的人看到，文章的整体阅读量不会因为这点误判率就带来巨大的改变。

1.7.5　布隆过滤器的原理

学会了布隆过滤器的使用，下面有必要把它的原理解释一下，不然有些读者还会继续蒙在鼓里。

每个布隆过滤器对应到 Redis 的数据结构里面就是一个大型的位数组和几个不一样的无偏 hash 函数，如图 1-24 中的 f、g、h 就是这样的 hash 函数。所谓无偏就是能够把元素的 hash 值算得比较均匀，让元素被 hash 映射到位数组中的位置比较随机。

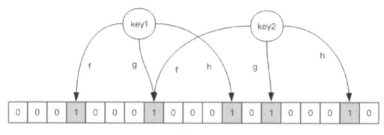

图 1-24

向布隆过滤器中添加 key 时，会使用多个 hash 函数对 key 进行 hash，算得一个整数索引值，然后对位数组长度进行取模运算得到一个位置，每个 hash 函数都会算得一个不同的位置。再把位数组的这几个位置都置为 1，就完成了 add 操作。

向布隆过滤器询问 key 是否存在时，跟 add 一样，也会把 hash 的几个位置都算出来，看看位数组中这几个位置是否都为 1，只要有一个位为 0，那么说明布隆过滤器中这个 key 不存在。如果这几个位置都是 1，并不能说明这个 key 就一定存在，只是极有可能存在，因为这些位被置为 1 可能是因为其他的 key 存在所致。如果这个位数组比较稀疏，判断正确的概率就会很大，如果这个位数组比较拥挤，判断正确的概率就会降低。具体的概率计算公式比较复杂，感兴趣可以阅读相关的更深入研究的资料，不过非常烧脑，不建议读者细看。

使用时不要让实际元素数量远大于初始化数量，当实际元素数量开始超出初始化数量时，应该对布隆过滤器进行重建，重新分配一个 size 更大的过滤器，再将所有的历史元素批量 add 进去（这就要求我们在其他的存储器中记录所有的历史元素）。因为 error_rate 不会因为数量刚一超出就急剧增加，这就给我们重建过滤器提供了较为宽松的时间。

1.7.6　空间占用估计

布隆过滤器的空间占用计算有一个简单的计算公式，但是推导起来比较烦琐，这里就省去推导过程了，直接引出计算公式。

布隆过滤器有两个参数，第一个是预计元素的数量 n，第二个是错误率 f。公式根据这两个输入得到两个输出，第一个输出是位数组的长度 l，也就是需要的存储空间大小（bit），第二个输出是 hash 函数的最佳数量 k。hash 函数的数量也会直接影响到错误率，最佳的数量会有最低的错误率。

```
k=0.7*(l/n)          # 约等于
f=0.6185^(l/n)       # ^ 表示次方计算，也就是 math.pow
```

从公式中可以看出以下结论。

1. 位数组相对越长（l/n），错误率 f 越低，这个和直观上理解是一致的。

2. 位数组相对越长（l/n），hash 函数需要的最佳数量也越多，影响计算效率。

3. 当一个元素平均需要 1 个字节（8bit）的指纹空间时（l/n=8），错误率大约为 2%。

4. 错误率为 10% 时，一个元素需要的平均指纹空间为 4.792 个 bit，大约为 5bit。

5. 错误率为 1% 时，一个元素需要的平均指纹空间为 9.585 个 bit，大约为 10bit。

6. 错误率为 0.1% 时，一个元素需要的平均指纹空间为 14.377 个 bit，大约为 15bit。

你也许会想，如果一个元素需要占据 15 个 bit，那相对 set 集合的空间优势是不是就没有那么明显了？这里需要明确的是，set 中会存储每个元素的内容，而布隆过滤器仅仅存储元素的指纹。元素的内容大小就是字符串的长度，它一般会有多个字节，甚至是几十个或上百个字节，每个元素本身还需要一个指针被 set 集合引用，这个指针又会占去 4 个字节或 8 个字节，取决于操作系统是 32bit 还是 64bit。指纹空间所需不足 2 个字节，所以布隆过滤器的空间优势还是非常明显的。

如果读者觉得公式计算起来太麻烦，也没有关系，有很多现成的网站已经支持计算空间占用的功能了，我们只要把参数输进去，就可以直接看到结果。如图 1-25 所示，它是一个免费的在线布隆计算器，地址是 https://krisives.github.io/bloom-calculator。

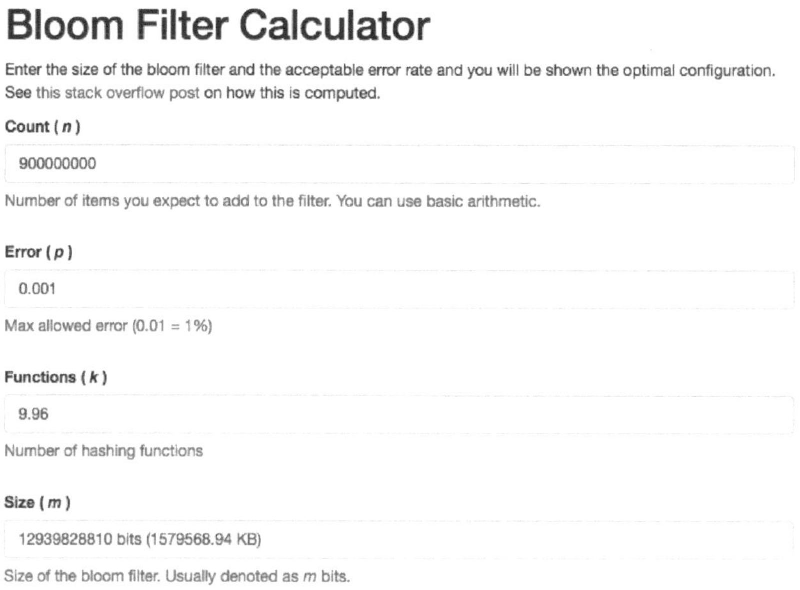

Bloom Filter Calculator

Enter the size of the bloom filter and the acceptable error rate and you will be shown the optimal configuration.
See this stack overflow post on how this is computed.

Count (*n*)

900000000

Number of items you expect to add to the filter. You can use basic arithmetic.

Error (*p*)

0.001

Max allowed error (0.01 = 1%)

Functions (*k*)

9.96

Number of hashing functions

Size (*m*)

12939828810 bits (1579568.94 KB)

Size of the bloom filter. Usually denoted as *m* bits.

图 1-25

1.7.7 实际元素超出时，误判率会怎样变化

当实际元素超出预计元素时，错误率会有多大变化呢？它会急剧上升吗，还是会平缓地上升？这就需要另外一个公式，引入参数 t 表示实际元素和预计元素的倍数。

```
f=(1-0.5^t)^k   # 极限近似，k 是 hash 函数的最佳数量
```

当 t 增大时，错误率 f 也会跟着增大，分别选择错误率为 10%、1%、0.1% 的 k 值，画出它的曲线进行直观观察。

从图 1-26 中可以看出曲线还是比较陡峭的。

1. 错误率为 10% 时，倍数比为 2 时，错误率就会升至接近 40%，这个值就比较危险了。

2. 错误率为 1% 时，倍数比为 2 时，错误率会升至 15%，也挺可怕的。

3. 错误率为 0.1% 时，倍数比为 2 时，错误率会升至 5%，也是比较高的。

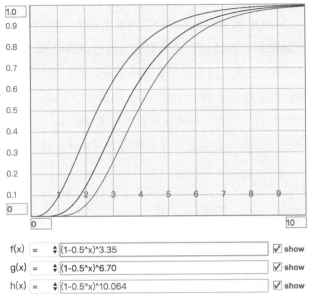

图 1-26

1.7.8　用不上 Redis 4.0 怎么办

Redis 4.0 之前也有第三方的布隆过滤器 library 使用，只不过在实现上，比起使用 Redis 的位图来实现，性能上也要差不少。比如一次 exists 查询会涉及多次 getbit 操作，网络开销相比而言会高出不少。另外在实现上，这些第三方 library 也不够完美，比如 pyreBloom 库就不支持重连和重试，在使用时需要对它做一层封装后才能在生产环境中使用。

以下两个库可以在 Github 上找到，它们是 Redis 4.0 版本的布隆过滤器的可选替代方案。

1．Redis 布隆过滤器 Python 版本的库，名称是 pyreBloom。

2．Redis 布隆过滤器 Java 版本的库，名称是 orestes-bloomfilter。

1.7.9　布隆过滤器的其他应用

在爬虫系统中，我们需要对 URL 进行去重，已经爬过的网页就可以不用爬了。但是一旦 URL 太多了，高达几千万个甚至几亿个，如果用一个集合去装下这些 URL 地址，是非常浪费空间的。这时候就可以考虑使用布隆过滤器。它可以大幅降低去重存储消耗，只不过也会使得爬虫系统错过少量的页面。

布隆过滤器在 NoSQL 数据库领域中使用得非常广泛，我们平时用到的 HBase、Cassandra，还有 LevelDB、RocksDB 内部都有布隆过滤器结构，布隆过滤器可以显著降低数据库的 IO 请求数量。当用户来查询某个 row 时，可以先通过内存中的布隆过滤器过滤掉大量不存在的 row 请求，然后再去磁盘进行查询。

邮箱系统的垃圾邮件过滤功能也普遍用到了布隆过滤器，因为用了这个过滤器，所以平时也会有某些正常的邮件被放进了垃圾邮件目录中，这个就是误判所致，概率很低。

1.8 断尾求生——简单限流

限流算法在分布式领域是一个经常被提起的话题，当系统的处理能力有限时，如何阻止计划外的请求继续对系统施压，这是一个需要重视的问题。老钱在这里用"断尾求生"形容限流背后的思想，当然还有很多成语也表达了类似的意思，如弃卒保车、壮士断腕等。

除了控制流量，限流还有一个应用目的是控制用户行为，避免垃圾请求。比如在 UGC 社区，用户的发帖、回复、点赞等行为都要严格受控，一般要严格限定某行为在规定时间内被允许的次数，超过了次数就是非法行为。对非法行为，业务必须规定适当的惩处策略。

1.8.1 如何使用 Redis 来实现简单限流策略

首先我们来看一个常见的、简单的限流策略。系统要限定用户的某个行为在指定的时间里只能允许发生 N 次，如何使用 Redis 的数据结构来实现这个限流的功能？

我们先定义这个接口，理解了这个接口的定义，读者就应该能明白我们期望达到的功能。

```
# 指定用户 user_id 的某个行为 action_key 在特定的时间内 period 只允许发生
最多的次数 max_count
def is_action_allowed(user_id, action_key, period, max_count):
    return True
# 调用这个接口，一分钟内只允许最多回复 5 个帖子
can_reply = is_action_allowed("laoqian", "reply", 60, 5)
if can_reply:
```

```
        do_reply()
else:
        raise ActionThresholdOverflow()
```

先不要继续往后看，想想如果让你来实现，你该怎么做？

1.8.2　解决方案

这个限流需求中存在一个滑动时间窗口（定宽），想想 zset 数据结构的 score 值，是不是可以通过 score 来圈出这个时间窗口来。我们只需要保留这个时间窗口，窗口之外的数据都可以砍掉。那这个 zset 的 value 填什么比较合适呢？它只需要保证唯一性即可，用 uuid 会比较浪费空间，那就改用毫秒时间戳吧。

如图 1-27 所示，用一个 zset 结构记录用户的行为历史，每一个行为都会作为 zset 中的一个 key 保存下来。同一个用户的同一种行为用一个 zset 记录。

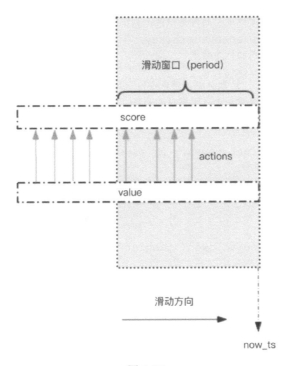

图 1-27

为节省内存，我们只需要保留时间窗口内的行为记录，同时如果用户是冷用户，滑动时间窗口内的行为是空记录，那么这个 zset 就可以从内存中移除，不再占用空间。

通过统计滑动窗口内的行为数量与阈值 **max_count** 进行比较就可以得出当前的行为是否被允许。用代码表示如下。

```python
# coding: utf8

import time
import redis

client = redis.StrictRedis()

def is_action_allowed(user_id, action_key, period, max_count):
    key = 'hist:%s:%s' % (user_id, action_key)
    now_ts = int(time.time() * 1000)  # 毫秒时间戳
    with client.pipeline() as pipe:
        # 记录行为
        # value 和 score 都使用毫秒时间戳
        pipe.zadd(key, now_ts, now_ts)
        # 移除时间窗口之前的行为记录，剩下的都是时间窗口内的
        pipe.zremrangebyscore(key, 0, now_ts - period * 1000)
        # 获取窗口内的行为数量
        pipe.zcard(key)
        # 设置 zset 过期时间，避免冷用户持续占用内存
        # 过期时间应该等于时间窗口的长度，再多宽限 1s
        pipe.expire(key, period + 1)
        # 批量执行
        _, _, current_count, _ = pipe.execute()
    # 比较数量是否超标
    return current_count <= max_count


for i in range(20):
    print is_action_allowed("laoqian", "reply", 60, 5)
```

Java 版如下。

```java
public class SimpleRateLimiter {

  private Jedis jedis;

  public SimpleRateLimiter(Jedis jedis) {
    this.jedis = jedis;
  }

  public boolean isActionAllowed(String userId, String actionKey,
```

```
int period, int maxCount) {
    String key = String.format("hist:%s:%s", userId, actionKey);
    long nowTs = System.currentTimeMillis();
    Pipeline pipe = jedis.pipelined();
    pipe.multi();
    pipe.zadd(key, nowTs, "" + nowTs);
    pipe.zremrangeByScore(key, 0, nowTs - period * 1000);
    Response<Long> count = pipe.zcard(key);
    pipe.expire(key, period + 1);
    pipe.exec();
    pipe.close();
    return count.get() <= maxCount;
  }

  public static void main(String[] args) {
    Jedis jedis = new Jedis();
    SimpleRateLimiter limiter = new SimpleRateLimiter(jedis);
    for(int i=0;i<20;i++) {
        System.out.println(limiter.isActionAllowed("laoqian",
"reply", 60, 5));
    }
  }

}
```

这段代码还是略显复杂，需要读者花一定的时间好好啃。它的整体思路就是：每一个行为到来时，都维护一次时间窗口。将时间窗口外的记录全部清理掉，只保留窗口内的记录。zset 集合中只有 score 值非常重要，value 值没有特别的意义，只需要保证它是唯一的就可以了。

因为这几个连续的 Redis 操作都是针对同一个 key 的，使用 pipeline 可以显著提升 Redis 存取效率。但这种方案也有缺点，因为它要记录时间窗口内所有的行为记录，如果这个量很大，比如"限定 60s 内操作不得超过 100 万次"之类，它是不适合做这样的限流的，因为会消耗大量的存储空间。

1.8.3　小结

本节介绍的是限流策略的简单应用，它仍然有较大的提升空间，适用的场景也有限。为了解决简单限流的缺点，下一节我们将引入高级限流算法——漏斗限流。

1.9　一毛不拔——漏斗限流

　　漏斗限流是最常用的限流方法之一，顾名思义，这个算法的灵感源于漏斗（funnel）的结构。

　　如图 1-28 所示，漏斗的容量是有限的，如果将漏嘴堵住，然后一直往里面灌水，它就会变满，直至再也装不进去。如果将漏嘴放开，水就会往下流，流走一部分之后，就又可以继续往里面灌水。如果漏嘴流水的速率大于灌水的速率，那么漏斗永远都装不满。如果漏嘴流水速率小于灌水的速率，那么一旦漏斗满了，灌水就需要暂停并等待漏斗腾出一部分空间。

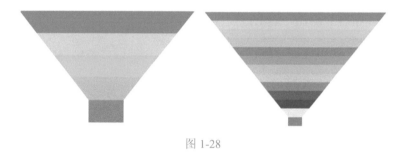

图 1-28

　　所以，漏斗的剩余空间就代表着当前行为可以持续进行的数量，漏嘴的流水速率代表着系统允许该行为的最大频率。下面我们使用代码来描述单机漏斗算法。

```python
# coding: utf8

import time

class Funnel(object):

    def __init__(self, capacity, leaking_rate):
        self.capacity = capacity              # 漏斗容量
        self.leaking_rate = leaking_rate      # 漏嘴流水速率
        self.left_quota = capacity            # 漏斗剩余空间
        self.leaking_ts = time.time()         # 上一次漏水时间

    def make_space(self):
        now_ts = time.time()
        # 距离上一次漏水过去了多久
        delta_ts = now_ts - self.leaking_ts
        # 又可以腾出不少空间了
```

```
        delta_quota = delta_ts * self.leaking_rate
        # 腾出的空间太少，那就等下次吧
        if delta_quota < 1:
            return
        self.left_quota += delta_quota          # 增加剩余空间
        self.leaking_ts = now_ts                # 记录漏水时间
        # 剩余空间不得高于容量
        if self.left_quota > self.capacity:
            self.left_quota = self.capacity

    def watering(self, quota):
        self.make_space()
        # 判断剩余空间是否足够
        if self.left_quota >= quota:
            self.left_quota -= quota
            return True
        return False


funnels = {}                                     # 所有的漏斗

# capacity    漏斗容量
# leaking_rate 漏嘴流水速率 quota/s
def is_action_allowed(
        user_id, action_key, capacity, leaking_rate):
    key = '%s:%s' % (user_id, action_key)
    funnel = funnels.get(key)
    if not funnel:
        funnel = Funnel(capacity, leaking_rate)
        funnels[key] = funnel
    return funnel.watering(1)


for i in range(20):
    print is_action_allowed('laoqian', 'reply', 15, 0.5)
```

再提供一个 Java 版本。

```java
public class FunnelRateLimiter {

  static class Funnel {
    int capacity;
    float leakingRate;
    int leftQuota;
```

```java
    long leakingTs;

    public Funnel(int capacity, float leakingRate) {
      this.capacity = capacity;
      this.leakingRate = leakingRate;
      this.leftQuota = capacity;
      this.leakingTs = System.currentTimeMillis();
    }

    void makeSpace() {
      long nowTs = System.currentTimeMillis();
      long deltaTs = nowTs - leakingTs;
      int deltaQuota = (int) (deltaTs * leakingRate);
      // 间隔时间太长，整数数字过大溢出
      if (deltaQuota < 0) {
        this.leftQuota = capacity;
        this.leakingTs = nowTs;
        return;
      }
      // 腾出空间太小，最小单位是1
      if (deltaQuota < 1) {
        return;
      }
      this.leftQuota += deltaQuota;
      this.leakingTs = nowTs;
      if (this.leftQuota > this.capacity) {
        this.leftQuota = this.capacity;
      }
    }

  boolean watering(int quota) {
    makeSpace();
    if (this.leftQuota >= quota) {
      this.leftQuota -= quota;
      return true;
    }
    return false;
  }
  }

  private Map<String, Funnel> funnels = new HashMap<>();

  public boolean isActionAllowed(String userId, String actionKey,
int capacity, float leakingRate) {
```

```
      String key = String.format("%s:%s", userId, actionKey);
      Funnel funnel = funnels.get(key);
      if (funnel == null) {
        funnel = new Funnel(capacity, leakingRate);
        funnels.put(key, funnel);
      }
      return funnel.watering(1); // 需要 1 个 quota
    }
  }
```

Funnel 对象的 make_space 方法是漏斗算法的核心，其在每次灌水前都会被调用以触发漏水，给漏斗腾出空间来。能腾出多少空间取决于过去了多久以及流水的速率。Funnel 对象占据的空间大小不再和行为的频率成正比，它的空间占用是一个常量。

问题来了，分布式的漏斗算法该如何实现？能不能使用 Redis 的基础数据结构来搞定？

我们观察 Funnel 对象的几个字段，发现可以将 Funnel 对象的内容按字段存储到一个 hash 结构中，灌水的时候将 hash 结构的字段取出来进行逻辑运算后，再将新值回填到 hash 结构中就完成了一次行为频度的检测。

但是有个问题，我们无法保证整个过程的原子性。从 hash 结构中取值，然后在内存里运算，再回填到 hash 结构，这三个过程无法原子化，意味着需要进行适当的加锁控制，而一旦加锁，就意味着会有加锁失败的可能，加锁失败就需要选择重试或者放弃。

如果重试的话，就会导致性能下降。如果放弃的话，就会影响用户体验。同时，代码的复杂度也跟着升高很多。这真是个艰难的选择，我们该如何解决这个问题呢？Redis-Cell 救星来了！

1.9.1　Redis-Cell

Redis 4.0 提供了一个限流 Redis 模块，它叫 Redis-Cell。该模块也使用了漏斗算法，并提供了原子的限流指令。有了这个模块，限流问题就非常简单了。

该模块只有 1 条指令 cl.throttle，它的参数和返回值都略显复杂，接下来让我们来看看这个指令具体该如何使用。

图 1-29 中的这个指令的意思是允许"用户老钱回复行为"的频率为每 60s 最多 30 次（漏水速率），漏斗的初始容量为 15，也就是说一开始可以连续回复 15 个帖子，然后才开始受漏水速率的影响。我们看到这个指令中漏水速率变成了 2 个参数，

替代了之前的单个浮点数。用两个参数相除的结果来表达漏水速率相对单个浮点数
要更加直观一些。

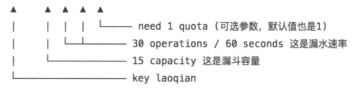

```
> cl.throttle laoqian:reply 15 30 60 1
```

　　need 1 quota（可选参数，默认值也是1）

　　30 operations / 60 seconds 这是漏水速率

　　15 capacity 这是漏斗容量

　　key laoqian

图 1-29

```
> cl.throttle laoqian:reply 15 30 60
1) (integer) 0     # 0 表示允许，1 表示拒绝
2) (integer) 15    # 漏斗容量 capacity
3) (integer) 14    # 漏斗剩余空间 left_quota
4) (integer) -1    # 如果被拒绝了，需要多长时间后再试（漏斗有空间了，单位秒）
5) (integer) 2     # 多长时间后，漏斗完全空出来（left_quota==capacity，单位秒）
```

　　在执行限流指令时，如果被拒绝了，就需要丢弃或重试。cl.throttle 指令考虑得
非常周到，连重试时间都帮你算好了，直接取返回结果数组的第四个值进行 sleep 即
可，如果不想阻塞线程，也可以异步定时任务来重试。

1.9.2　思考 & 作业

　　漏斗限流模块除了应用于 UGC，还能应用于哪些地方？

1.9.3　扩展阅读：Redis-Cell 作者介绍

　　如图 1-30 所示，是 Redis-Cell 作者 Itamar Haber 的自我介绍，作者的头衔很有
趣——一个"自封"的 Redis 极客，他是 Redis 工作室的技术布道师。值得注意的是
Redis-Cell 这个模块是用 Rust 语言编写的。Redis 使用 C 语言实现，但是 Redis 的模
块可以使用其他语言实现。

Itamar Haber

A self-proclaimed "Redis Geek," Itamar is the Technology Evangelist at Redis Labs. He is also the
former Chief OSS Redis Education Officer, Chief Developer Advocate, and VP Customer Support,
evangelizing Redis to thousands of developers.

图 1-30

1.10　近水楼台——GeoHash

Redis 在 3.2 版本以后增加了地理位置 Geo 模块，意味着我们可以使用 Redis 来实现类似摩拜单车的"附近的 Mobike"、美团和饿了么的"附近的餐馆"这样的功能了。

1.10.1　用数据库来算附近的人

地图元素的位置数据使用二维的经纬度表示，经度范围 [-180，180]，纬度范围 [-90，90]，纬度正负以赤道为界，北正南负，经度正负以本初子午线（英国格林尼治天文台）为界，东正西负。比如掘金办公室在望京 SOHO，它的经纬度坐标是 (116.48105, 39.996794)，都是正数，因为中国位于东北半球。

当两个元素的距离不是很远时，可以直接使用勾股定理就能算得元素之间的距离。我们平时使用的"附近的人"的功能，元素距离都不是很大，使用勾股定理计算距离足矣。不过需要注意的是，经纬度坐标的密度不一样（地球是一个椭圆），勾股定理计算平方之后再求和时，需要按一定的系数加权后再进行求和，当然，如果不求精确的话，也可以不必加权。

那么，如果要计算"附近的人"，也就是给定一个元素的坐标，然后计算这个坐标附近的其他元素，按照距离进行排序，该如何处理？

如果现在元素的经纬度坐标使用关系数据库 (元素 id, 经度 x, 纬度 y) 存储，你该如何计算？

首先，你不可能通过遍历来计算所有的元素和目标元素的距离然后再进行排序，这个计算量太大了，性能指标肯定无法满足。如图 1-31 所示，一般的方法都是通过矩形区域来限定元素的数量，然后对区域内的元素进行全量距离计算再排序。这样可以明显减少计算量。如何划分矩形区域呢？可以指定一个半径 r，使用一条 SQL 就可以圈出来。如果用户对筛出来的结果不满意，那就扩大半径继续筛选。

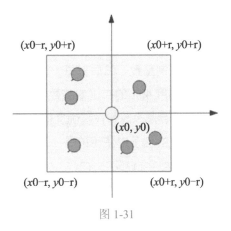

图 1-31

```
select id from positions where x0-r < x < x0+r and y0-r < y < y0+r
```

为了满足高性能的矩形区域算法,数据表需要把经纬度坐标加上双向复合索引 (x, y)，这样可以最大优化查询性能。

但是数据库查询性能毕竟是有限的，如果"附近的人"查询请求非常多，在高并发场合，这可能并不是一个很好的方案。

1.10.2 GeoHash 算法

业界比较通用的地理位置距离排序算法是 GeoHash 算法，Redis 也使用 GeoHash 算法。GeoHash 算法将二维的经纬度数据映射到一维的整数，这样所有的元素都将挂载到一条线上，距离靠近的二维坐标映射到一维后的点之间距离也会很接近。当我们想要计算"附近的人"时，首先将目标位置映射到这条线上，然后在这个一维的线上获取附近的点就行了。

那么这个映射算法具体是怎样的呢？它将整个地球看成一个二维平面，然后划分成了一系列正方形的方格，就好比围棋棋盘。所有的地图元素坐标都将被放置于唯一的方格中。方格越小，坐标越精确。然后对这些方格进行整数编码，越是靠近的方格编码越是接近。那如何编码呢？一个最简单的方案就是切蛋糕法。如图 1-32 所示，设想一个正方形的蛋糕摆在你面前，二刀下去均分分成四块小正方形，这四个小正方形可以分别标记为 00、01、10、11 共

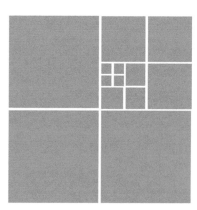

图 1-32

四个二进制整数。然后对每一个小正方形继续用二刀法切割，这时每个小小正方形就可以使用 **4bit** 的二进制整数表示。然后继续切下去，正方形就会越来越小，二进制整数也会越来越长，精确度就会越来越高。

上面的例子中使用的是二刀法，真实算法中还会有很多其他刀法，最终编码出来的整数数字也都不一样。

编码之后，每个地图元素的坐标都将变成一个整数，通过这个整数可以还原出元素的坐标，整数越长，还原出来的坐标值的损失程度就越小。对于"附近的人"这个功能而言，损失的一点精确度可以忽略不计。

GeoHash 算法会继续对这个整数做一次 base32 编码（0～9，a～z，去掉 a、i、

l、o 四个字母）变成一个字符串。在 Redis 里面，经纬度使用 52 位的整数进行编码，放进了 zset 里面，zset 的 value 是元素的 key，score 是 GeoHash 的 52 位整数值。zset 的 score 虽然是浮点数，但是对于 52 位的整数值，它可以无损存储。

在使用 Redis 进行 Geo 查询时，我们要时刻想到它的内部结构实际上只是一个 zset（skiplist）。通过 zset 的 score 排序就可以得到坐标附近的其他元素（实际情况要复杂一些，不过这样理解足够了），通过将 score 还原成坐标值就可以得到元素的原始坐标。

1.10.3　Geo 指令的基本用法

Redis 提供的 Geo 指令只有 6 个，读者们瞬间就可以掌握。使用时，读者务必再次想到，它只是一个普通的 zset 结构。下面的例子将使用图 1-33 所示的 5 个公司的地理位置。

图 1-33

增加

geoadd 指令携带集合名称以及多个经纬度名称三元组，注意这里可以加入多个三元组。

```
127.0.0.1:6379> geoadd company 116.48105 39.996794 juejin
(integer) 1
127.0.0.1:6379> geoadd company 116.514203 39.905409 ireader
(integer) 1
127.0.0.1:6379> geoadd company 116.489033 40.007669 meituan
(integer) 1
127.0.0.1:6379> geoadd company 116.562108 39.787602 jd 116.334255
40.027400 xiaomi
(integer) 2
```

也许你会问为什么 Redis 没有提供 Geo 元素删除指令？前面我们提到 Geo 存储结构上使用的是 zset，意味着我们可以使用 zset 相关的指令来操作 Geo 数据，所以元素删除指令可以直接使用 zrem 指令即可。

距离

geodist 指令可以用来计算两个元素之间的距离，携带集合名称、两个名称和距离单位。

```
127.0.0.1:6379> geodist company juejin ireader km
"10.5501"
127.0.0.1:6379> geodist company juejin meituan km
"1.3878"
127.0.0.1:6379> geodist company juejin jd km
"24.2739"
127.0.0.1:6379> geodist company juejin xiaomi km
"12.9606"
127.0.0.1:6379> geodist company juejin juejin km
 "0.0000"
```

我们可以看到掘金离美团最近，因为它们都在望京。距离单位可以是 m、km、ml 和 ft，分别代表米、千米、英里和尺。

获取元素位置

geopos 指令可以获取集合中任意元素的经纬度坐标，可以一次获取多个。

```
127.0.0.1:6379> geopos company juejin
1) 1) "116.48104995489120483"
   2) "39.99679348858259686"
127.0.0.1:6379> geopos company ireader
1) 1) "116.51420205583152771"
   2) "39.90540918662494363"
127.0.0.1:6379> geopos company juejin ireader
1) 1) "116.48104995489120483"
   2) "39.99679348858259686"
2) 1) "116.51420205583152771"
   2) "39.90540918662494363"
```

我们观察到获取的经纬度坐标和 geoadd 进去的坐标有少许误差，原因是 GeoHash 对二维坐标进行的一维映射是有损的，通过映射再还原回来的值会出现较小的差别。对于"附近的人"这种功能来说，这点儿误差完全可以接受。

获取元素的 hash 值

GeoHash 可以获取元素的经纬度编码字符串，上面已经提到，它是 base32 编码。你可以使用这个编码值去 http://geohash.org/${hash} 上进行直接定位，它是 GeoHash 的标准编码值。

```
127.0.0.1:6379> geohash company ireader
1) "wx4g52e1ce0"
127.0.0.1:6379> geohash company juejin
```

```
1)  "wx4gd94yjn0"
```

让我们打开地址 http://geohash.org/wx4g52e1ce0，观察一下地图指向的位置是否正确，如图 1-34 所示。

图 1-34

附近的公司

georadiusbymember 指令是最为关键的指令之一，它可以用来查询指定元素附近的其他元素，它的参数非常复杂。

```
# 范围 20 公里以内最多 3 个元素按距离正排，它不会排除自身
127.0.0.1:6379> georadiusbymember company ireader 20 km count 3
asc
1) "ireader"
2) "juejin"
3) "meituan"
# 范围 20 公里以内最多 3 个元素按距离倒排
127.0.0.1:6379> georadiusbymember company ireader 20 km count 3
desc
1) "jd"
2) "meituan"
3) "juejin"
# 三个可选参数 withcoord、withdist、withhash 用来携带附加参数
# withdist 很有用，它可以用来显示距离
127.0.0.1:6379> georadiusbymember company ireader 20 km withcoord
withdist withhash count 3 asc
1) 1) "ireader"
   2) "0.0000"
```

```
      3) (integer) 4069886008361398
      4) 1) "116.5142020583152771"
         2) "39.90540918662494363"
   2) 1) "juejin"
      2) "10.5501"
      3) (integer) 4069887154388167
      4) 1) "116.48104995489120483"
         2) "39.99679348858259686"
   3) 1) "meituan"
      2) "11.5748"
      3) (integer) 4069887179083478
      4) 1) "116.489032208919525515"
         2) "40.00766997707732031"
```

除了 georadiusbymember 指令根据元素查询附近的元素，Redis 还提供了根据坐标值来查询附近的元素的指令 georadius，这个指令更加有用，它可以根据用户的定位来计算"附近的车""附近的餐馆"等。它的参数和 georadiusbymember 基本一致，唯一的差别是将目标元素改成经纬度坐标值。

```
127.0.0.1:6379> georadius  company  116.514202  39.905409  20  km
withdist count 3 asc
1) 1) "ireader"
   2) "0.0000"
2) 1) "juejin"
   2) "10.5501"
3) 1) "meituan"
   2) "11.5748"
```

1.10.4　注意事项

在一个地图应用中，车的数据、餐馆的数据、人的数据可能会有几百万条甚至几千万条，如果使用 Redis 的 Geo 数据结构，它们将被全部放在一个 zset 集合中。在 Redis 的集群环境中，集合可能会从一个节点迁移到另一个节点，如果单个 key 的数据过大，会对集群的迁移工作造成较大的影响，在集群环境中单个 key 对应的数据量不宜超过 1MB，否则会导致集群迁移出现卡顿现象，影响线上服务的正常运行。

所以，这里建议 Geo 的数据使用单独的 Redis 实例部署，不使用集群环境。

如果数据量过亿个，甚至更大，就需要对 Geo 数据进行拆分，按国家拆分、按省拆分、按市拆分，在人口特大城市甚至可以按区拆分。这样就可以显著降低单个

zset 集合的大小。

1.11　大海捞针——scan

在平时线上 Redis 维护工作中，有时候需要从 Redis 实例的成千上万个 key 中找出特定前缀的 key 列表来手动处理数据，可能是修改它的值，也可能是删除 key。这里就有一个问题，如何从海量的 key 中找出满足特定前缀的 key 列表？

Redis 提供了一个简单粗暴的指令 keys 用来列出所有满足特定正则字符串规则的 key。

```
127.0.0.1:6379> set codehole1 a
OK
127.0.0.1:6379> set codehole2 b
OK
127.0.0.1:6379> set codehole3 c
OK
127.0.0.1:6379> set code1hole a
OK
127.0.0.1:6379> set code2hole b
OK
127.0.0.1:6379> set code3hole b
OK
127.0.0.1:6379> keys *
1) "codehole1"
2) "code3hole"
3) "codehole3"
4) "code2hole"
5) "codehole2"
6) "code1hole"
127.0.0.1:6379> keys codehole*
1) "codehole1"
2) "codehole3"
3) "codehole2"
127.0.0.1:6379> keys code*hole
1) "code3hole"
2) "code2hole"
3) "code1hole"
```

这个指令的使用非常简单，只要提供一个简单的正则字符串即可，但是有两个很明显的缺点。

1．没有 offset、limit 参数，一次性吐出所有满足条件的 key，万一实例中有几百万个 key 满足条件，当你看到满屏的字符串，刷屏没有尽头时，你就知道难受了。

2．keys 算法是遍历算法，复杂度是 O(n)，如果实例中有千万级以上的 key，这个指令就会导致 Redis 服务卡顿，所有读写 Redis 的其他指令都会被延后甚至会超时报错，因为 Redis 是单线程程序，顺序执行所有指令，其他指令必须等到当前的 keys 指令执行完了才可以继续。

面对这两个显著的缺点该怎么办呢？

Redis 为了解决这个问题，在 2.8 版本中加入了大海捞针的指令——scan。scan 相比 keys 具备以下特点。

1．复杂度虽然也是 O(n)，但它是通过游标分步进行的，不会阻塞线程。

2．提供 limit 参数，可以控制每次返回结果的最大条数，limit 只是一个 hint，返回的结果可多可少。

3．同 keys 一样，它也提供模式匹配功能。

4．服务器不需要为游标保存状态，游标的唯一状态就是 scan 返回给客户端的游标整数。

5．返回的结果可能会有重复，需要客户端去重，这点非常重要。

6．遍历的过程中如果有数据修改，改动后的数据能不能遍历到是不确定的。

7．单次返回的结果是空的并不意味着遍历结束，而要看返回的游标值是否为零。

1.11.1　scan 基本用法

在使用之前，让我们先往 Redis 里插入 10000 条数据来进行测试。

```
import redis

client = redis.StrictRedis()
for i in range(10000):
    client.set("key%d" % i, i)
```

好，Redis 中现在有了 10000 条数据，接下来我们找出以 key99 开头的 key 列表。

scan 提供了三个参数，第一个是 cursor 整数值，第二个是 key 的正则模式，第三个是遍历的 limit hint。第一次遍历时，cursor 值为 0，然后将返回结果中第一个整数值作为下一次遍历的 cursor，一直遍历到返回的 cursor 值为 0 时结束。

```
127.0.0.1:6379> scan 0 match key99* count 1000
1) "13976"
2)  1) "key9911"
    2) "key9974"
    3) "key9994"
    4) "key9910"
    5) "key9907"
    6) "key9989"
    7) "key9971"
    8) "key99"
    9) "key9966"
   10) "key992"
   11) "key9903"
   12) "key9905"
127.0.0.1:6379> scan 13976 match key99* count 1000
1) "1996"
2)  1) "key9982"
    2) "key9997"
    3) "key9963"
    4) "key996"
    5) "key9912"
    6) "key9999"
    7) "key9921"
    8) "key994"
    9) "key9956"
   10) "key9919"
127.0.0.1:6379> scan 1996 match key99* count 1000
1) "12594"
2) 1) "key9939"
   2) "key9941"
   3) "key9967"
   4) "key9938"
   5) "key9906"
   6) "key999"
   7) "key9909"
   8) "key9933"
   9) "key9992"
......
127.0.0.1:6379> scan 11687 match key99* count 1000
1) "0"
2)  1) "key9969"
    2) "key998"
    3) "key9986"
    4) "key9968"
```

```
 5) "key9965"
 6) "key9990"
 7) "key9915"
 8) "key9928"
 9) "key9908"
10) "key9929"
11) "key9944"
```

从上面的过程中可以看出，虽然提供的 limit 是 1000，但是返回的结果却只有 10 个左右。因为这个 limit 不是限定返回结果的数量，而是限定服务器单次遍历的字典槽位数量（约等于）。如果将 limit 设置为 10，你会发现返回结果是空的，但是游标值不为零，意味着遍历还没结束。

```
127.0.0.1:6379> scan 0 match key99* count 10
1) "3072"
2) (empty list or set)
```

1.11.2　字典的结构

在 Redis 中所有的 key 都存储在一个很大的字典中，这个字典的结构和 Java 中的 HashMap 一样，如图 1-35 所示，它是一维数组，是二维链表结构。第一维数组的大小总是 2^n（n>=0），扩容一次数组，大小空间加倍，也就是 2^{n+1}。

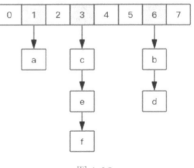

scan 指令返回的游标就是第一维数组的位置索引，我们将这个位置索引称为槽（slot）。

图 1-35

如果不考虑字典的扩容缩容，直接按数组下标挨个遍历就行了。limit 参数就表示需要遍历的槽位数，之所以返回的结果可能多可能少，是因为不是所有的槽位上都会挂接链表，有些槽位可能是空的，还有些槽位上挂接的链表上的元素可能会有多个。每一次遍历都会将 limit 数量的槽位上挂接的所有链表元素进行模式匹配过滤后，一次性返回给客户端。

1.11.3　scan 遍历顺序

scan 的遍历顺序非常特别。它不是从第一维数组的第 0 位一直遍历到末尾，而是采用了高位进位加法来遍历。之所以使用这样特殊的方式进行遍历，是考虑到字典的扩容和缩容时避免槽位的遍历重复和遗漏。

首先我们仔细看图 1-36，这张图呈现了普通加法和高位进位加法的区别。

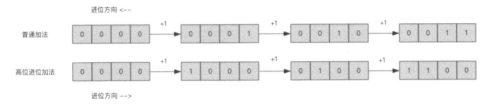

图 1-36

从图中可以看出高位进位加法从左边加，进位往右边移动，同普通加法正好相反。但是最终它们都会遍历所有的槽位并且没有重复。

1.11.4　字典扩容

Java 中的 HashMap 有扩容的概念，当 LoadFactor 达到阈值时，需要重新分配一个新的 2 倍大小的数组，然后将所有的元素全部 rehash 挂到新的数组下面。rehash 就是将元素的 hash 值对数组长度进行取模运算，因为长度变了，所以每个元素挂接的槽位可能也发生了变化。又因为数组的长度是 2 的 n 次方，所以取模运算等价于位与操作。

```
a mod 8  = a & (8-1)  = a & 7
a mod 16 = a & (16-1) = a & 15
a mod 32 = a & (32-1) = a & 31
```

这里的 7、15、31 称为字典的 mask 值，mask 的作用就是保留 hash 值的低位，高位都被设置为 0。

接下来我们看看 rehash 前后元素槽位的变化。

如图 1-37 所示，假设当前的字典的数组长度由 8 位扩容到 16 位，那么 3 号槽位 011 将会被 rehash 到 3 号槽位和 11 号槽位，也就是说该槽位链表中大约有一半的元素还是 3 号槽位，其他的元素会放到 11 号槽位，11 这个数字的二进制是 1011，就是对 3 的二进制 011 增加了一个高位 1。

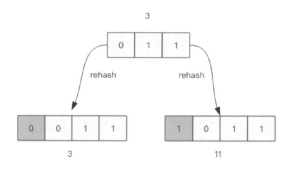

图 1-37

抽象一点说，假设开始槽位的二进制数是 **xxx**，那么该槽位中的元素将被 rehash 到 0xxx 和 1xxx(xxx+8) 中。 如果字典长度由 16 位扩容到 32 位，那么对于二进制槽位 xxxx 中的元素将被 rehash 到 0xxxx 和 1xxxx(xxxx+16) 中。

1.11.5 对比扩容、缩容前后的遍历顺序

仔细观察图 1-38，我们会发现采用高位进位加法的遍历顺序，rehash 后的槽位在遍历顺序上是相邻的。

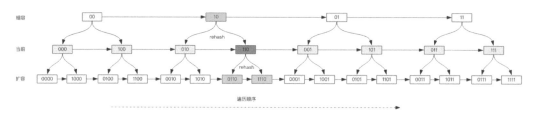

图 1-38

假设当前要遍历 110 这个位置（橙色），那么扩容后，当前槽位上所有的元素对应的新槽位是 0110 和 1110（深绿色），也就是在槽位的二进制数增加一个高位 0 或 1。这时我们可以直接从 0110 这个槽位开始往后继续遍历，0110 槽位之前的所有槽位都是已经遍历过的，这样就可以避免扩容后对已经遍历过的槽位进行重复遍历。

再考虑缩容，假设当前即将遍历 110 这个位置 （橙色），那么缩容后，当前槽位所有的元素对应的新槽位是 10（深绿色），也就是去掉槽位二进制最高位。这时

我们可以直接从 10 这个槽位继续往后遍历，10 槽位之前的所有槽位都是已经遍历过的，这样就可以避免缩容的重复遍历。不过缩容还是不太一样，它会对图中 010 这个槽位上的元素进行重复遍历，因为缩融后 10 槽位的元素是 010 和 110 上挂接的元素的融合。

1.11.6　渐进式 rehash

Java 的 HashMap 在扩容时会一次性将旧数组下挂接的元素全部转移到新数组下面。如果 HashMap 中元素特别多，线程就会出现卡顿现象。Redis 为了解决这个问题，采用"渐进式 rehash"。

它会同时保留旧数组和新数组，然后在定时任务中以及后续对 hash 的指令操作中渐渐地将旧数组中挂接的元素迁移到新数组上。这意味着要操作处于 rehash 中的字典，需要同时访问新旧两个数组结构。如果在旧数组下面找不到元素，还需要去新数组下面寻找。

scan 也需要考虑这个问题，对于 rehash 中的字典，它需要同时扫描新旧槽位，然后将结果融合后返回给客户端。

1.11.7　更多的 scan 指令

scan 指令是一系列指令，除了可以遍历所有的 key 之外，还可以对指定的容器集合进行遍历。比如 zscan 遍历 zset 集合元素，hscan 遍历 hash 字典的元素，sscan 遍历 set 集合的元素。

它们的原理同 scan 类似，因为 hash 底层就是字典，set 也是一个特殊的 hash（所有的 value 指向同一个元素），zset 内部也使用了字典来存储所有的元素内容，所以这里不再赘述。

1.11.8　大 key 扫描

有时候会因为业务人员使用不当，在 Redis 实例中形成了很大的对象，比如一个很大的 hash 或一个很大的 zset，都是可能出现的。这样的对象给 Redis 的集群数据迁移带来了很大的问题，因为在集群环境下，如果某个 key 太大，会导致数据迁移卡顿。另外在内存分配上，如果一个 key 太大，那么当它需要扩容时，会一次性申请更大的一块内存，这也会导致卡顿。如果这个大 key 被删除，内存会被一次性回收，卡顿现象也会再次产生。

在平时的业务开发中，要尽量避免大 key 的产生。

如果你观察到 Redis 的内存大起大落，这极有可能是因为大 key 导致的，这时候你就需要定位出具体是哪个 key，进一步定位出具体的业务来源，然后再改进相关业务代码设计。

那么如何定位大 key 呢？

为了避免给线上 Redis 带来卡顿，就要用到 scan 指令，对于扫描出来的每一个 key，使用 type 指令获得 key 的类型，然后使用相应数据结构的 size 或者 len 方法来得到它的大小，对于每一种类型，将大小排名的前若干名作为扫描结果展示出来。

上面这样的过程需要编写脚本，比较烦琐，不过 Redis 官方已经在 redis-cli 指令中提供了这样的扫描功能，我们可以直接拿来使用。

```
redis-cli -h 127.0.0.1 -p 7001 --bigkeys
```

如果你担心这个指令会大幅抬升 Redis 的 ops 导致线上报警，还可以增加一个休眠参数。

```
redis-cli -h 127.0.0.1 -p 7001 --bigkeys -i 0.1
```

上面这个指令每隔 100 条 scan 指令就会休眠 0.1s，ops 就不会剧烈抬升，但是扫描的时间会变长。

第 2 篇

原理篇

2.1 鞭辟入里——线程 IO 模型

Redis 是个单线程程序！这点必须铭记。

也许你会怀疑高并发的 Redis 中间件怎么可能是单线程。很抱歉，它就是单线程，你的怀疑暴露了你基础知识的不足。莫要瞧不起单线程，除了 Redis 之外，Node.js 也是单线程，Nginx 也是单线程，但是它们都是服务器高性能的典范。

Redis 单线程为什么还能这么快？

因为它的所有数据都在内存中，所有的运算都是内存级别的运算。正因为 Redis 是单线程，所以要小心使用 Redis 指令，对于那些时间复杂度为 O(n) 级别的指令，一定要谨慎使用，否则一不小心就可能会导致 Redis 卡顿。

Redis 既然是单线程，如何能处理那么多的并发客户端连接？

这个问题，很多中高级程序员都无法回答，因为他们没听过"多路复用"这个词汇，不知道 select 系列的事件轮询 API，没用过非阻塞 IO。

2.1.1 非阻塞 IO

当我们调用套接字的读写方法，默认它们是阻塞的，比如 read 方法要传递进去一个参数 n，表示最多读取 n 个字节后再返回，如果一个字节都没有，线程就会卡在那里，直到新的数据到来或者连接关闭，read 方法才可以返回，线程才能继续处理。write 方法一般来说不会阻塞，除非内核为套接字分配的写缓冲区已经满了，write 方法就会阻塞，直到缓存区中有空间空闲出来。图 2-1 呈现了套接字读写的细节流程。

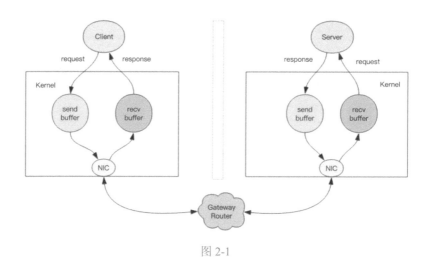

图 2-1

非阻塞 IO 在套接字对象上提供了一个选项 Non_Blocking，当这个选项打开时，读写方法不会阻塞，而是能读多少读多少，能写多少写多少。能读多少取决于内核为套接字分配的读缓冲区内部的数据字节数，能写多少取决于内核为套接字分配的写缓冲区的空闲空间字节数。读方法和写方法都会通过返回值来告知程序实际读写了多少字节。

有了非阻塞 IO 意味着线程在读写 IO 时可以不必再阻塞了，读写可以瞬间完成，然后线程就可以继续干别的事了。

2.1.2 事件轮询（多路复用）

非阻塞 IO 有个问题，那就是线程要读数据，结果读了一部分就返回了，那么线程如何知道何时才应该继续读——也就是说，当数据到来时，线程如何得到通知。写也是一样，如果缓冲区满了，写不完，剩下的数据何时才应该继续写，线程也应该得到通知。

事件轮询 API 就是用来解决这个问题的。最简单的事件轮询 API 是 select 函数，它是操作系统提供给用户程序的 API。输入是读写描述符列表 read_fds & write_fds，输出是与之对应的可读可写事件。同时还提供了一个 timeout 参数，如果没有任何事件到来，那么就最多等待 timeout 的值的时间，线程处于阻塞状态。一旦期间有任何事件到来，就可以立即返回。时间过了之后还是没有任何事件到来，也会立即返回。如图 2-2 所示，拿到事件后，线程就可以继续挨个处理相应的事件。处理完了继续过来轮询。于是线程就进入了一个死循环，我们把这个死循环称为事件循环，一个循环为一个周期。

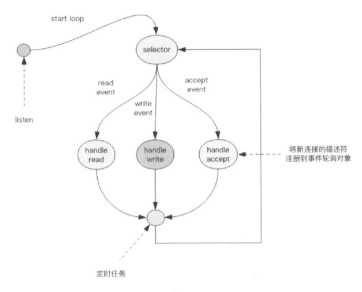

图 2-2

每个客户端套接字 socket 都有对应的读写文件描述符。

```
read_events, write_events = select(read_fds, write_fds, timeout)
for event in read_events:
    handle_read(event.fd)
for event in write_events:
    handle_write(event.fd)
handle_others()   # 处理其他事情，如定时任务等
```

因为我们通过 select 系统调用同时处理多个通道描述符的读写事件，因此我们将这类系统调用称为多路复用 API。现代操作系统的多路复用 API 已经不再使用 select 系统调用，而改用 epoll（linux）和 kqueue（FreeBSD 和 macosx），因为 select 系统调用的性能在描述符特别多时会变得非常差。它们使用起来可能在形式上略有差异，但是本质上都是差不多的，都可以使用上面的伪代码逻辑进行理解。

服务器套接字 serversocket 对象的读操作是指调用 accept 接受客户端新连接。何时有新连接到来，也是通过 select 系统调用的读事件来得到通知的。

事件轮询 API 就是 Java 语言里面的 NIO 技术。Java 的 NIO 并不是 Java 特有的技术，其他计算机语言都有这个技术，只不过换了一个词汇，不叫 NIO 而已。

2.1.3 指令队列

Redis 会将每个客户端套接字都关联一个指令队列。客户端的指令通过队列来排队进行顺序处理，先到先服务。

2.1.4 响应队列

Redis 同样也会为每个客户端套接字关联一个响应队列。Redis 服务器通过响应队列来将指令的返回结果回复给客户端。如果队列为空，那么意味着连接暂时处于空闲状态，不需要去获取写事件，也就是可以将当前的客户端描述符从 write_fds 里面移出来。等到队列有数据了，再将描述符放进去，避免 select 系统调用立即返回写事件，结果发现没什么数据可以写，出现这种情况的线程会令 CPU 消耗飙升。

2.1.5 定时任务

服务器除了要响应 IO 事件外，还要处理其他事情。比如定时任务就是非常重要的一件事。如果线程阻塞在 select 系统调用上，定时任务将无法得到准时调度。那 Redis 是如何解决这个问题的呢？

Redis 的定时任务会记录在一个被称为"最小堆"的数据结构中。在这个堆中，最快要执行的任务排在堆的最上方。在每个循环周期里，Redis 都会对最小堆里面已经到时间点的任务进行处理。处理完毕后，将最快要执行的任务还需要的时间记录下来，这个时间就是 select 系统调用的 timeout 参数。因为 Redis 知道未来 timeout 的值的时间内，没有其他定时任务需要处理，所以可以安心睡眠 timeout 的值的时间。

Nginx 和 Node 的事件处理原理和 Redis 也是类似的。

2.1.6 扩展阅读

请在掘金上查找和阅读老钱的另一篇文章《跟着动画来学习 TCP 三次握手和四次挥手》。

2.2 交头接耳——通信协议

Redis 的作者认为数据库系统的瓶颈一般不在于网络流量，而在于数据库自身内部逻辑处理上，所以即使 Redis 使用了浪费流量的文本协议，依然可以取得极高的访问性能。

Redis 将所有数据都放在内存中，用一个单线程对外提供服务，单个节点在跑满一个 CPU 核心的情况下可以达到了 10w/s 的超高 QPS。

2.2.1 RESP

RESP 是 Redis 序列化协议（**Re**dis **S**erialization **P**rotocol）的简写。它是一种直观的文本协议，优势在于实现过程异常简单，解析性能极好。

Redis 协议将传输的结构数据分为 5 种最小单元类型，单元结束时统一加上回车换行符号 \r\n。

1. 单行字符串以 "+" 符号开头。
2. 多行字符串以 "$" 符号开头，后跟字符串长度。
3. 整数值以 ":" 符号开头，后跟整数的字符串形式。
4. 错误消息以 "-" 符号开头。
5. 数组以 "*" 号开头，后跟数组的长度。

单行字符串 hello world

```
+hello world\r\n
```

多行字符串 hello world

```
$11\r\nhello world\r\n
```

多行字符串当然也可以表示单行字符串。

整数 1024

```
:1024\r\n
```

错误

参数类型错误。

```
-WRONGTYPE Operation against a key holding the wrong kind of value\r\n
```

数组 [1,2,3]

```
*3\r\n:1\r\n:2\r\n:3\r\n
```

NULL

NULL 用多行字符串表示，不过长度要写成 -1。

```
$-1\r\n
```

空串

空串用多行字符串表示，长度填 0。

```
$0\r\n\r\n
```

注意这里有两个 **\r\n**。为什么是两个呢？因为两个 **\r\n** 之间，隔的是空串。

2.2.2 客户端 → 服务器

客户端向服务器发送的指令只有一种格式，多行字符串数组。比如一个简单的 set 指令 set author codehole 会被序列化成下面的字符串。

```
*3\r\n$3\r\nset\r\n$6\r\nauthor\r\n$8\r\ncodehole\r\n
```

控制台输出这个字符串如下，可以看出这是很容易阅读的一种格式。

```
*3
$3
set
$6
author
$8
Codehole
```

2.2.3 服务器 → 客户端

服务器向客户端回复的响应要支持多种数据结构，所以消息响应在结构上要复杂不少，不过再复杂的响应消息也是以上 5 种基本类型的组合。

单行字符串响应

```
127.0.0.1:6379> set author codehole
OK
```

这里的 **OK** 就是单行响应，没有使用引号括起来。

```
+OK
```

错误响应

```
127.0.0.1:6379> incr author
(error) ERR value is not an integer or out of range
```

试图对一个字符串进行自增，服务器抛出一个通用的错误。

```
-ERR value is not an integer or out of range
```

整数响应

```
127.0.0.1:6379> incr books
(integer) 1
```

这里的 1 就是整数响应

```
:1
```

多行字符串响应

```
127.0.0.1:6379> get author
"codehole"
```

这里使用双引号括起来的字符串就是多行字符串响应

```
$8
codehole
```

数组响应

```
127.0.0.1:6379> hset info name laoqian
(integer) 1
127.0.0.1:6379> hset info age 30
(integer) 1
127.0.0.1:6379> hset info sex male
(integer) 1
127.0.0.1:6379> hgetall info
1) "name"
2) "laoqian"
3) "age"
```

```
4) "30"
5) "sex"
6) "male"
```

这里的 hgetall 命令返回的就是一个数组，第 0、2、4 位置的字符串是 hash 表的 key，第 1、3、5 位置的字符串是 value，客户端负责将数组组装成字典再返回。

```
*6
$4
name
$6
laoqian
$3
age
$2
30
$3
sex
$4
male
```

嵌套

```
127.0.0.1:6379> scan 0
1) "0"
2) 1) "info"
   2) "books"
   3) "author"
```

scan 命令用来扫描服务器包含的所有 key 列表，它是以游标的形式获取，一次只获取一部分。

scan 命令返回的是一个嵌套数组。数组的第一个值表示游标的值，如果这个值为零，说明已经遍历完毕。如果不为零，使用这个值作为 scan 命令的参数进行下一次遍历。数组的第二个值又是一个数组，这个数组就是 key 列表。

```
*2
$1
0
*3
$4
info
```

```
$5
books
$6
author
```

2.2.4　小结

Redis 协议里有大量冗余的回车换行符，但是这不影响它成为互联网技术领域非常受欢迎的一个文本协议。有很多开源项目使用 RESP 作为它的通讯协议。在技术领域里，性能并不总是一切，还有简单性、易理解性和易实现性，这些都需要进行适当权衡。

2.2.5　扩展阅读

如果你想自己实现一套 Redis 协议的解码器，请在掘金上搜索并阅读老钱的一篇文章《基于 Netty 实现 Redis 协议的编码解码器》。

2.3　未雨绸缪——持久化

Redis 的数据全部在内存里，如果突然宕机，数据就会全部丢失，因此必须有一种机制来保证 Redis 的数据不会因为故障而丢失，这种机制就是 Redis 的持久化机制。

如图 2-3 所示，Redis 的持久化机制有两种，第一种是快照，第二种是 AOF 日志。快照是一次全量备份，AOF 日志是连续的增量备份。快照是内存数据的二进制序列化形式，在存储上非常紧凑，而 AOF 日志记录的是内存数据修改的指令记录文本。AOF 日志在长期的运行过程中会变得无比庞大，数据库重启时需要加载 AOF 日志进行指令重放，这个时间就会无比漫长，所以需要定期进行 AOF 重写，给 AOF 日志进行瘦身。

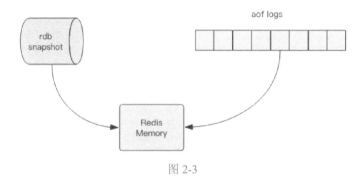

图 2-3

2.3.1　快照原理

我们知道 Redis 是单线程程序，这个线程要同时负责多个客户端套接字的并发读写操作和内存数据结构的逻辑读写。

在服务线上请求的同时，Redis 还需要进行内存快照，内存快照要求 Redis 必须进行文件 IO 操作，可文件 IO 操作不能使用多路复用 API。

这意味着单线程在服务线上请求的同时，还要进行文件 IO 操作，而文件 IO 操作会严重拖累服务器的性能。

还有个重要的问题，为了不阻塞线上的业务，Redis 就需要一边持久化，一边响应客户端的请求。持久化的同时，内存数据结构还在改变，比如一个大型的 hash 字典正在持久化，结果一个请求过来把它给删掉了，可是还没持久化完呢，这该怎么办呢？

Redis 使用操作系统的多进程 COW（Copy On Write）机制来实现快照持久化，这个机制很有意思，也很少人知道。多进程 COW 也是鉴定程序员知识广度的一个重要指标。

2.3.2　fork（多进程）

Redis 在持久化时会调用 glibc 的函数 fork 产生一个子进程，快照持久化完全交给子进程来处理，父进程继续处理客户端请求。子进程刚刚产生时，它和父进程共享内存里面的代码段和数据段。这时你可以把父子进程想象成一个连体婴儿，它们在共享身体。这是 Linux 操作系统的机制，为了节约内存资源，所以尽可能让它们共享起来。在进程分离的一瞬间，内存的增长几乎没有明显变化。

用 Python 语言描述进程分离的逻辑如下。fork 函数会在父子进程同时返回，在父进程里返回子进程的 pid，在子进程里返回零。如果操作系统的内存资源不足，pid 就会是负数，表示 fork 失败。

```
pid = os.fork()
if pid > 0:
    handle_client_requests()      # 父进程继续处理客户端请求
if pid == 0:
    handle_snapshot_write()       # 子进程处理快照写磁盘
if pid < 0:
    # fork error
```

子进程做数据持久化，不会修改现有的内存数据结构，它只是对数据结构进行遍历读取，然后序列化写到磁盘中。但是父进程不一样，它必须持续服务客户端请求，然后对内存数据结构进行不间断的修改。

这个时候就会使用操作系统的 COW 机制来进行数据段页面的分离。如果 2-4 所示，数据段是由很多操作系统的页面组合而成，当父进程对其中一个页面的数据进行修改时，会将被共享的页面复制一份分离出来，然后对这个复制的页面进行修改。这时子进程相应的页面是没有变化的，还是进程产生时那一瞬间的数据。

随着父进程修改操作的持续进行，越来越多的共享页面被分离出来，内存就会持续增长，但是也不会超过原有数据内存的 2 倍大小。另外，Redis 实例里冷数据

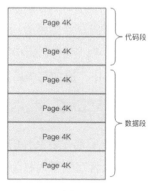

图 2-4

占的比例往往是比较高的，所以很少会出现所有的页面都被分离的情况，被分离的往往只有其中一部分页面。每个页面的大小只有 4KB，一个 Redis 实例里面一般都会有成千上万个页面。

子进程因为数据没有变化，它能看到的内存里的数据在进程产生的一瞬间就凝固了，再也不会改变，这也是为什么 Redis 的持久化叫"快照"的原因。接下来子进程就可以非常安心地遍历数据，进行序列化写磁盘了。

2.3.3　AOF 原理

AOF 日志存储的是 Redis 服务器的顺序指令序列，AOF 日志只记录对内存进行修改的指令记录。

假设 AOF 日志记录了自 Redis 实例创建以来所有的修改性指令序列，那么就可以通过对一个空的 Redis 实例顺序执行所有的指令——也就是"重放"，来恢复 Redis 当前实例的内存数据结构的状态。

Redis 会在收到客户端修改指令后，进行参数校验、逻辑处理，如果没问题，就立即将该指令文本存储到 AOF 日志中，也就是说，先执行指令才将日志存盘。这点不同于 leveldb、hbase 等存储引擎，它们都是先存储日志再做逻辑处理。

Redis 在长期运行的过程中，AOF 的日志会越来越长。如果实例宕机重启，重放整个 AOF 日志会非常耗时，导致 Redis 长时间无法对外提供服务，所以需要对 AOF

日志瘦身。

2.3.4　AOF 重写

Redis 提供了 bgrewriteaof 指令用于对 AOF 日志进行瘦身，其原理就是开辟一个子进程对内存进行遍历，转换成一系列 Redis 的操作指令，序列化到一个新的 AOF 日志文件中。序列化完毕后再将操作期间发生的增量 AOF 日志追加到这个新的 AOF 日志文件中，追加完毕后就立即替代旧的 AOF 日志文件了，瘦身工作就完成了。

2.3.5　fsync

AOF 日志是以文件的形式存在的，当程序对 AOF 日志文件进行写操作时，实际上是将内容写到了内核为文件描述符分配的一个内存缓存中，然后内核会异步将脏数据刷回到磁盘的。

这就意味着如果机器突然宕机，AOF 日志内容可能还没有来得及完全刷到磁盘中，这个时候就会出现日志丢失。那该怎么办？

Linux 的 glibc 提供了 fsync(int fd) 函数可以将指定文件的内容强制从内核缓存刷到磁盘。只要 Redis 进程实时调用 fsync 函数就可以保证 AOF 日志不丢失。但是 fsync 是一个磁盘 IO 操作，它很慢！如果 Redis 执行一条指令就要 fsync 一次，那么 Redis 高性能的地位就不保了。

所以在生产环境的服务器中，Redis 通常是每隔 1s 左右执行一次 fsync 操作，这个 1s 的周期是可以配置的。这是在数据安全性和性能之间做的一个折中，在保持高性能的同时，尽可能使数据少丢失。

Redis 同样也提供了另外两种策略，一个是永不调用 fsync——让操作系统来决定何时同步磁盘，这样做很不安全，另一个是来一个指令就调用 fsync 一次——结果导致非常慢。这两种策略在生产环境中基本不会使用，了解一下即可。

2.3.6　运维

快照是通过开启子进程的方式进行的，它是一个比较耗资源的操作。

1. 遍历整个内存，大块写磁盘会加重系统负载。

2. AOF 的 fsync 是一个耗时的 IO 操作，它会降低 Redis 性能，同时也会增加系统 IO 负担。

所以通常 Redis 的主节点不会进行持久化操作，持久化操作主要在从节点进行。从节点是备份节点，没有来自客户端请求的压力，它的操作系统资源往往比较充沛。

但是如果出现网络分区，从节点长期连不上主节点，就会出现数据不一致的问题，特别是在网络分区出现的情况下，主节点一旦不小心宕机了，那么数据就会丢失，所以在生产环境下要做好实时监控工作，保证网络畅通或者能快速修复。另外还应该再增加一个从节点以降低网络分区的概率，只要有一个从节点数据同步正常，数据也就不会轻易丢失。

2.3.7　Redis 4.0 混合持久化

重启 Redis 时，我们很少使用 rdb 来恢复内存状态，因为会丢失大量数据。我们通常使用 AOF 日志重放，但是重放 AOF 日志相对于使用 rdb 来说要慢很多，这样在 Redis 实例很大的时候，启动需要花费很长的时间。

Redis 4.0 为了解决这个问题，带来了一个新的持久化选项——混合持久化。如图 2-5 所示，将 rdb 文件的内容和增量的 AOF 日志文件存在一起。这里的 AOF 日志不再是全量的日志，而是自持久化开始到持久化结束的这段时间发生的增量 AOF 日志，通常这部分 AOF 日志很小。

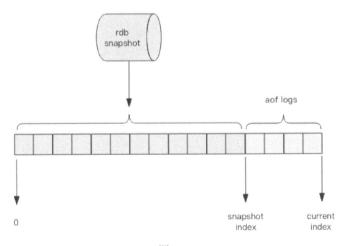

图 2-5

于是在 Redis 重启的时候，可以先加载 rdb 的内容，然后再重放增量 AOF 日志，就可以完全替代之前的 AOF 全量文件重放，重启效率因此得到大幅提升。

2.3.8　思考&作业

1．有人说 Redis 只适合用来做缓存，当数据库来用则不合适，你怎么看？

2．为什么 Redis 先执行指令，之后再记录 AOF 日志，而不是像其他存储引擎一样反过来呢？

2.4　雷厉风行——管道

大多数同学一直以来对 Redis 管道有一个误解，他们以为这是 Redis 服务器提供的一种特别的技术，有了这种技术就可以加速 Redis 的存取效率，但是实际上 Redis 管道（Pipeline）本身并不是 Redis 服务器直接提供的技术，这个技术本质上是由客户端提供的，跟服务器没有什么直接的关系。下面我们对之做一个深入探究。

2.4.1　Redis 的消息交互

当我们使用客户端对 Redis 进行一次操作时，如图 2-6 所示，客户端将请求传送给服务器，服务器处理完毕后，再将响应回复给客户端。这要花费一个网络数据包来回的时间。

图 2-6

如果连续执行多条指令，那就会花费多个网络数据包来回的时间，如图 2-7 所示。

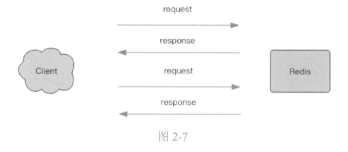

图 2-7

回到客户端代码层面，客户端是经历了写—读—写—读四个操作才完整地执行了两条指令，如图 2-8 所示。

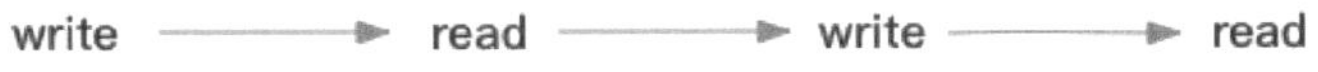

write
read
write
read

图 2-8

现在如果我们调整读写顺序，改成写—写—读—读，这两个指令同样可以正常完成，如图 2-9 所示。

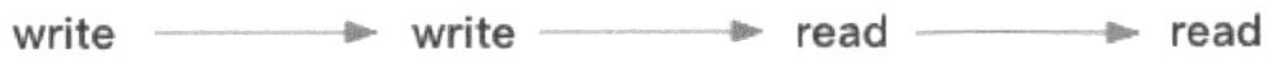

write
write
read
read

图 2-9

两个连续的写操作和两个连续的读操作总共只会花费一次网络来回，就好像连续的写操作合并了，连续的读操作也合并了一样，如图 2-10 所示。

request
request
Client
response
Redis
response

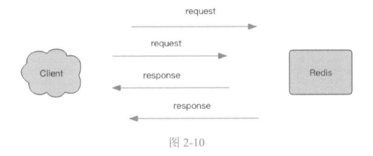

图 2-10

这便是管道操作的本质，服务器根本没有任何区别对待，还是走着收到一条消息、执行一条消息、回复一条消息的正常流程。客户端通过对管道中的指令列表改变读写顺序就可以大幅节省 IO 时间。管道中指令越多，效果越好。

2.4.2 管道压力测试

接下来我们实践一下管道的力量。

Redis 自带了一个压力测试工具 redis-benchmark，使用这个工具就可以进行管道测试。

首先我们对一个普通的 set 指令进行压测，QPS 大约 5w/s。

```
> redis-benchmark -t set -q
SET: 51975.05 requests per second
```

我们加入管道选项 P 参数，它表示单个管道内并行的请求数量。如下所示，当 P=2 时，QPS 达到了 9w/s。

```
> redis-benchmark -t set -P 2 -q
SET: 91240.88 requests per second
```

再看看当 P=3 时，QPS 达到了 10w/s。

```
SET: 102354.15 requests per second
```

但如果再继续提升 P 参数，发现 QPS 已经上不去了。这是为什么呢？

因为这里 CPU 处理能力已经达到了瓶颈，Redis 的单线程 CPU 消耗已经飙升到了 100%，所以无法再继续提升了。

2.4.3 深入理解管道本质

接下来我们深入分析一下请求交互的流程，真实的情况很复杂，因为要经过网络协议栈，这个就得深入内核了。

如图 2-11 所示就是一个完整的请求交互流程图。

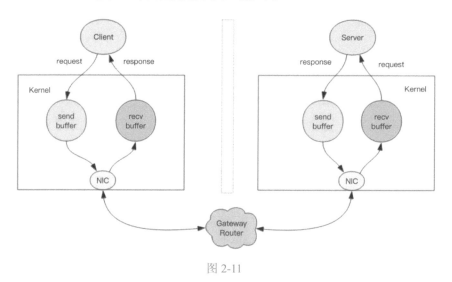

图 2-11

老钱用文字来仔细描述一遍流程。

（1）客户端进程调用 write 将消息写到操作系统内核为套接字分配的发送缓冲 send buffer 中。

（2）客户端操作系统内核将发送缓冲的内容发送到网卡，网卡硬件将数据通过"网际路由"送到服务器的网卡。

（3）服务器操作系统内核将网卡的数据放到内核为套接字分配的接收缓冲 recv buffer 中。

（4）服务器进程调用 read 从接收缓冲中取出消息进行处理。

（5）服务器进程调用 write 将响应消息写到内核为套接字分配的发送缓冲 send buffer 中。

（6）服务器操作系统内核将发送缓冲的内容发送到网卡，网卡硬件将数据通过"网际路由"送到客户端的网卡。

（7）客户端操作系统内核将网卡的数据放到内核为套接字分配的接收缓冲 recv buffer 中。

（8）客户端进程调用 read 从接收缓冲中取出消息返回给上层业务逻辑进行处理。

（9）结束。

其中步骤（5）~（8）和（1）~（4）是一样的，只不过方向是反过来的，一个是请求，一个是响应。

我们开始以为 write 操作是要等到对方收到消息后才会返回，但实际上不是这样的。write 操作只负责将数据写到本地操作系统内核的发送缓冲中然后就返回了，剩下的事交给操作系统内核异步将数据送到目标机器。但是如果发送缓冲满了，那么就需要等待缓冲空出空闲空间来，这个就是写操作 IO 操作的真正耗时。

我们开始以为 read 操作是从目标机器拉取数据，但实际上不是这样的。read 操作只负责将数据从本地操作系统内核的接收缓冲中取出来就了事了。但是如果缓冲是空的，那么就需要等待数据到来，这个就是 read 操作 IO 操作的真正耗时。

所以对于 value = redis.get(key) 这样一个简单的请求来说，write 操作几乎没有耗时，直接写到发送缓冲中就返回，而 read 就比较耗时了，因为它要等待消息经过网络路由到目标机器处理后的响应消息，再回送到当前的内核读缓冲才可以返回。这才是一个网络来回的真正开销。

而对于管道来说，连续的 write 操作根本就没有耗时，之后第一个 read 操作会等待一个网络的来回开销，然后所有的响应消息就都已经送回到内核的读缓冲了，后续的 read 操作直接就可以从缓冲中拿到结果，瞬间就返回了。

2.4.4 小结

这就是管道的本质，它并不是服务器的什么特性，而是客户端通过改变了读写的顺序带来的性能的巨大提升。

2.5 同舟共济——事务

为了确保连续多个操作的原子性，一个成熟的数据库通常都会有事务支持，Redis 也不例外。Redis 的事务使用方法非常简单，不同于关系数据库，我们无须理解那么多复杂的事务模型就可以直接使用。不过也正是因为这种简单性，它的事务模型很不严格，这要求我们不能像使用关系数据库的事务一样来使用 Redis 事务。

2.5.1 Redis 事务的基本用法

每个事务的操作指令都有 begin、commit 和 rollback，begin 指示事务的开始，commit 指示事务的提交，rollback 指示事务的回滚。它们大致的形式如下。

```
begin();
try {
    command1();
    command2();
    ....
    commit();
} catch(Exception e) {
    rollback();
}
```

Redis 事务在形式上看起来也差不多，指令分别是 multi、exec、discard。multi 指示事务的开始，exec 指示事务的执行，discard 指示事务的丢弃。

```
> multi
OK
> incr books
QUEUED
> incr books
QUEUED
> exec
(integer) 1
(integer) 2
```

上面的指令演示了一个完整的事务过程，所有的指令在 exec 之前不执行，而是缓存在服务器的一个事务队列中，服务器一旦收到 exec 指令，才开始执行整个事务队列，执行完毕后一次性返回所有指令的运行结果。因为 Redis 的单线程特性，它不用担心自己在执行队列的时候被其他指令打搅，可以保证他们能得到的"原子性"执行。

图 2-12 显示了以上事务过程完整的交互效果。QUEUED 是一个简单字符串，同 OK 是一个形式，它表示指令已经被服务器缓存到队列里了。

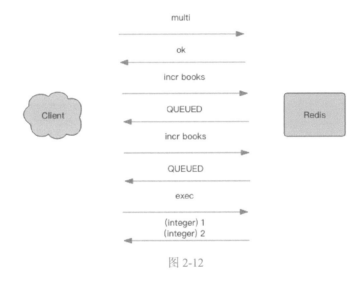

图 2-12

2.5.2 原子性

事务的原子性是指事务要么全部成功，要么全部失败，那么 Redis 事务执行是原子性的吗？

下面我们来看一个特别的例子。

```
> multi
OK
> set books iamastring
QUEUED
> incr books
QUEUED
> set poorman iamdesperate
QUEUED
```

```
> exec
1) OK
2) (error) ERR value is not an integer or out of range
3) OK
> get books
"iamastring"
>  get poorman
"iamdesperate
```

上面的例子是事务执行到中间时遇到失败了，因为我们不能对一个字符串进行数学运算。事务在遇到指令执行失败后，后面的指令还会继续执行，所以 poorman 的值能继续得到设置。

到这里，你应该明白 Redis 的事务根本不具备"原子性"，而仅仅是满足了事务的"隔离性"中的串行化——当前执行的事务有着不被其他事务打断的权利。

2.5.3　discard（丢弃）

Redis 为事务提供了一个 discard 指令，用于丢弃事务缓存队列中的所有指令，在 exec 执行之前。

```
> get books
(nil)
> multi
OK
> incr books
QUEUED
> incr books
QUEUED
> discard
OK
> get books
(nil)
```

我们可以看到，在 discard 之后，队列中的所有指令都没执行，就好像 multi 和 discard 中间的所有指令从未发生过一样。

2.5.4　优化

上面的 Redis 事务在发送每个指令到事务缓存队列时都要经过一次网络读写，当一个事务内部的指令较多时，需要的网络 IO 时间也会线性增长，所以通常 Redis

的客户端在执行事务时都会结合 pipeline 一起使用，这样可以将多次 IO 操作压缩为单次 IO 操作。比如我们在使用 Python 的 Redis 客户端执行事务时是要强制使用 pipeline 的。

```
pipe = redis.pipeline(transaction=true)
pipe.multi()
pipe.incr("books")
pipe.incr("books")
values = pipe.execute()
```

2.5.5　watch

考虑一个业务场景，Redis 存储了我们的账户余额数据，它是一个整数。现在有两个并发的客户端要对账户余额进行修改操作，这个修改不是一个简单的 incrby 指令，而是要对余额乘以一个倍数。Redis 可没有提供 multiplyby 这样的指令。我们需要先取出余额然后在内存里乘以倍数，再将结果写回 Redis。

这就会出现并发问题，因为有多个客户端会并发进行操作。我们可以通过 Redis 的分布式锁来避免冲突，这是一个很好的解决方案。分布式锁是一种悲观锁，那是不是可以使用乐观锁的方式来解决冲突呢？

Redis 提供了这种 watch 的机制，它就是一种乐观锁。有了 watch 我们又多了一种可以用来解决并发修改的方法。 watch 的使用方式如下。

```
while True:
    do_watch()
    commands()
    multi()
    send_commands()
    try:
        exec()
        break
    except WatchError:
        continue
```

watch 会在事务开始之前盯住一个或多个关键变量，当事务执行时，也就是服务器收到了 exec 指令要顺序执行缓存的事务队列时，Redis 会检查关键变量自 watch 之后是否被修改了（包括当前事务所在的客户端）。如果关键变量被人动过了，exec 指令就会返回 NULL 回复告知客户端事务执行失败，这个时候客户端一般会选择重试。

```
> watch books
OK
> incr books          # 被修改了
(integer) 1
> multi
OK
> incr books
QUEUED
> exec                # 事务执行失败
(nil)
```

当服务器给 exec 指令返回一个 NULL 回复时，客户端知道了事务执行是失败的，通常客户端（redis-py）都会抛出一个 WatchError 之类的错误，不过也有些语言（Jedis）不会抛出异常，而是在 exec 方法里返回一个 NULL，这样客户端需要检查一下返回结果是否为 NULL 来确定事务是否执行失败。

2.5.6　注意事项

Redis 禁止在 multi 和 exec 之间执行 watch 指令，而必须在 multi 之前盯住关键变量，否则会出错。

接下来我们使用 Python 语言来实现对余额的加倍操作。

```python
# -*- coding: utf-8
import redis

def key_for(user_id):
    return "account_{}".format(user_id)

def double_account(client, user_id):
    key = key_for(user_id)
    while True:
        client.watch(key)
        value = int(client.get(key))
        value *= 2                      # 加倍
        pipe = client.pipeline(transaction=True)
        pipe.multi()
        pipe.set(key, value)
        try:
            pipe.execute()
            break                       # 总算成功了
        except redis.WatchError:
            continue                     # 事务被打断了，重试
```

```
        return int(client.get(key))              # 重新获取余额

client = redis.StrictRedis()
user_id = "abc"
client.setnx(key_for(user_id), 5)              # setnx 做初始化
print double_account(client, user_id)
```

下面我们再使用 Java 语言实现一遍。

```java
import java.util.List;
import redis.clients.jedis.Jedis;
import redis.clients.jedis.Transaction;

public class TransactionDemo {

  public static void main(String[] args) {
    Jedis jedis = new Jedis();
    String userId = "abc";
    String key = keyFor(userId);
    jedis.setnx(key, String.valueOf(5));    # setnx 做初始化
    System.out.println(doubleAccount(jedis, userId));
    jedis.close();
  }

  public static int doubleAccount(Jedis jedis, String userId) {
    String key = keyFor(userId);
    while (true) {
      jedis.watch(key);
      int value = Integer.parseInt(jedis.get(key));
      value *= 2;                     // 加倍
      Transaction tx = jedis.multi();
      tx.set(key, String.valueOf(value));
      List<Object> res = tx.exec();
      if (res != null) {
        break;                       // 成功了
      }
    }
    return Integer.parseInt(jedis.get(key)); // 重新获取余额
  }

  public static String keyFor(String userId) {
    return String.format("account_%s", userId);
  }

}
```

我们常常听说 Python 的代码要比 Java 简短很多，但是从这个例子中我们看到 Java 的代码比 Python 的代码也多不了多少，大约只多出 50%。

2.5.7　思考&作业

为什么 Redis 的事务不能支持回滚？

2.6　小道消息——PubSub

前面我们讲了 Redis 消息队列的使用方法，但是没有提到 Redis 消息队列的不足之处，那就是它不支持消息的多播机制。

2.6.1　消息多播

消息多播允许生产者只生产一次消息，由中间件负责将消息复制到多个消息队列，每个消息队列由相应的消费组进行消费，如图 2-13 所示。它是分布式系统常用的一种解耦方式，用于将多个消费组的逻辑进行拆分。支持了消息多播，多个消费组的逻辑就可以放到不同的子系统中。

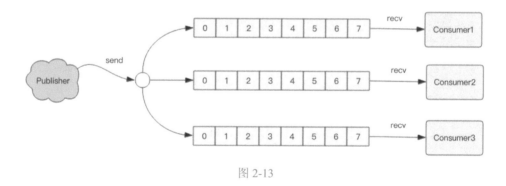

图 2-13

如果是普通的消息队列，就得将多个不同的消费组逻辑串接起来放在一个子系统中，进行连续消费，如图 2-14 所示。

图 2-14

2.6.2   PubSub

为了支持消息多播，Redis 不能再依赖于那 5 种基本数据类型了，它单独使用了一个模块来支持消息多播，这个模块的名字叫作 PubSub，也就是 PublisherSubscriber（发布者 / 订阅者模式）。我们使用 Python 语言来演示一下 PubSub 如何使用。

```
# -*- coding: utf-8 -*-
import time
import redis

client = redis.StrictRedis()
p = client.pubsub()
p.subscribe("codehole")
time.sleep(1)
print p.get_message()
client.publish("codehole", "java comes")
time.sleep(1)
print p.get_message()
client.publish("codehole", "python comes")
time.sleep(1)
print p.get_message()
print p.get_message()
{'pattern': None, 'type': 'subscribe', 'channel': 'codehole', 'data':
1L}
{'pattern': None, 'type': 'message', 'channel': 'codehole', 'data':
'java comes'}
{'pattern': None, 'type': 'message', 'channel': 'codehole', 'data':
'python comes'}
None
```

客户端发起订阅命令后，Redis 会立即给予一个反馈消息通知订阅成功。因为有网络传输延迟，在 subscribe 命令发出后，客户端需要休眠一会，再通过 get_message 才能拿到反馈消息。客户端接下来执行发布命令，发布了一条消息。同样因为网络延迟，在 publish 命令发出后，客户端也需要休眠一会，再通过 get_message 才能拿到发布的消息。如果当前没有消息，get_message 会返回空，告知当前没有消息，所以它不是阻塞的。

Redis PubSub 的生产者和消费者是不同的连接，也就是上面这个例子实际上使用了两个 Redis 的连接。这是必需的，因为 Redis 不允许连接在 subscribe 等待消息时还需要进行其他操作。

在生产环境中，我们很少将生产者和消费者放在同一个线程里。如果它们真要在同一个线程里，何必通过中间件来流转，直接使用函数调用就行。因此我们应该将生产者和消费者分离，接下来我们看看分离后的代码要怎么写。

消费者

```python
# -*- coding: utf-8 -*-
import time
import redis

client = redis.StrictRedis()
p = client.pubsub()
p.subscribe("codehole")
while True:
    msg = p.get_message()
    if not msg:
        time.sleep(1)
        continue
    print msg
```

生产者

```python
# -*- coding: utf-8 -*-
import redis

client = redis.StrictRedis()
client.publish("codehole", "python comes")
client.publish("codehole", "java comes")
client.publish("codehole", "golang comes")
```

必须先启动消费者，然后再执行生产者。消费者我们可以启动多个，PubSub 会保证它们收到的是相同的消息序列。

```
{'pattern': None, 'type': 'subscribe', 'channel': 'codehole', 'data':
1L}
{'pattern': None, 'type': 'message', 'channel': 'codehole' , 'data':
'python comes'}
{'pattern': None, 'type': 'message', 'channel': 'codehole', 'data':
'java comes'}
{'pattern': None, 'type': 'message', 'channel': 'codehole', 'data':
'golang comes'}
```

我们从消费者的控制台窗口可以看到上面的输出，每个消费者窗口都是同样的输出。第一行是订阅成功消息，它很快就会输出，后面的三行会在生产者进程执行的时候立即输出。上面的消费者是通过轮询 get_message 来收取消息的，如果收取不到就休眠 1s。这让我们想起了第 1.4 节的消息队列模型，我们使用 blpop 来代替休眠以提高消息处理的效率。

PubSub 的消费者如果使用休眠的方式来轮询消息，也会遭遇消息处理不及时的问题。不过我们可以使用 listen 阻塞监听消息来进行处理，这点同 blpop 原理是一样的。下面我们改造一下消费者。

阻塞消费者

```
# -*- coding: utf-8 -*-
import time
import redis

client = redis.StrictRedis()
p = client.pubsub()
p.subscribe("codehole")
for msg in p.listen():
    print msg
```

代码简短了很多，不需要再休眠了，消息处理也及时了。

2.6.3　模式订阅

上面提到的订阅模式是基于名称订阅的，消费者订阅一个主题是必须明确指定主题的名称。如果我们想要订阅多个主题，那就 subscribe 多个名称。

```
> subscribe codehole.image codehole.text codehole.blog  # 同时订阅
三个主题，会有三条订阅成功反馈信息
1) "subscribe"
2) "codehole.image"
3) (integer) 1
1) "subscribe"
2) "codehole.text"
3) (integer) 2
1) "subscribe"
2) "codehole.blog"
3) (integer) 3
```

这样生产者向这三个主题发布的消息，消费者都可以接收到。

```
> publish codehole.image https://www.google.com/dudo.png
(integer) 1
> publish codehole.text " 你好，欢迎加入码洞 "
(integer) 1
> publish codehole.blog '{"content": "hello, everyone", "title":
"welcome"}'
(integer) 1
```

如果现在要增加一个主题 codehole.group，客户端必须也跟着增加一个订阅指令才可以收到新开主题的消息推送。

为了简化订阅的烦琐，Redis 提供了模式订阅功能 Pattern Subscribe，这样就可以一次订阅多个主题，即使生产者新增加了同模式的主题，消费者也可以立即收到消息。

```
# 用模式匹配一次订阅多个主题，主题以 codehole. 字符开头的消息都可以收到
> psubscribe codehole.*
1) "psubscribe"
2) "codehole.*"
3) (integer) 1
```

2.6.4 消息结构

前面的消费者消息输出时都是如下的字典形式。

```
{'pattern': None, 'type': 'subscribe', 'channel': 'codehole', 'data':
1L}
{'pattern': None, 'type': 'message', 'channel': 'codehole', 'data':
'python comes'}
{'pattern': None, 'type': 'message', 'channel': 'codehole', 'data':
'java comes'}
{'pattern': None, 'type': 'message', 'channel': 'codehole', 'data':
'golang comes'}
```

那这几个字段是什么含义呢？

1. **data** 毫无疑问就是消息的内容，一个字符串。

2. **channel** 也很明显，它表示当前订阅的主题名称。

3. **type** 表示消息的类型。如果是一个普通的消息，那么类型就是 message；如果是控制消息，比如订阅指令的反馈，它的类型就是 subscribe；如果是模式订

阅的反馈，它的类型就是 psubscribe；此外还有取消订阅指令的反馈 unsubscribe 和 punsubscribe。

4. **pattern** 表示当前消息是使用哪种模式订阅到的。如果是通过 subscribe 指令订阅的，那么这个字段就是空。

2.6.5　PubSub 的缺点

PubSub 的生产者传递过来一个消息，Redis 会直接找到相应的消费者传递过去。如果一个消费者都没有，那么消息会被直接丢弃。如果开始有三个消费者，一个消费者突然挂掉了，生产者会继续发送消息，另外两个消费者可以持续收到消息，但是当挂掉的消费者重新连上的时候，在断连期间生产者发送的消息，对于这个消费者来说就是彻底丢失了。

如果 Redis 停机重启，PubSub 的消息是不会持久化的，毕竟 Redis 宕机就相当于一个消费者都没有，所有的消息会被直接丢弃。

正是因为 PubSub 有这些缺点，在消息队列的领域它几乎找不到合适的应用场景，所以 Redis 的作者单独开启了一个项目 Disque 专门用来做多播消息队列，不过该项目目前没有成熟，一直处于 Beta 版本。关于 Disque 的更多细节，本书不做详细介绍，感兴趣的同学可以去查找相关文档来阅读。

2.6.6　补充

2018 年 6 月，Redis 5.0 新增了 Stream 数据结构，这个功能给 Redis 带来了持久化消息队列，从此 PubSub 作为消息队列的功用可以消失了，Disque 估计也永远发不出它的 Release 版本了。欲知具体内容请读者阅读第 4.1 节 "耳听八方——Stream"。

2.7　开源节流——小对象压缩

Redis 是一个非常耗费内存的数据库，它的所有数据都放在内存里。如果我们不注意节约使用内存，Redis 就可能出现内存不足，最终导致崩溃。Redis 作者为了优化数据结构的内存占用，也苦心孤诣地增加了非常多的优化点，这些优化也是以牺牲代码的可读性为代价的，但是毫无疑问，这是非常值得的，尤其像 Redis 这种数据库。

2.7.1 32bit VS 64bit

Redis 如果使用 32bit 进行编译，内部所有数据结构所使用的指针空间占用会少一半，如果你的 Redis 使用内存不超过 4GB，可以考虑使用 32bit 进行编译，能够节约大量内存。4GB 的容量作为一些小型站点的缓存数据库是绰绰有余的，如果不足还可以通过增加实例的方式来解决。

2.7.2 小对象压缩存储（ziplist）

如果 Redis 内部管理的集合数据结构很小，它会使用紧凑存储形式压缩存储。

这就好比 HashMap 本来是二维结构，但是如果内部元素比较少，使用二维结构反而浪费空间，还不如使用一维数组进行存储，需要查找时，因为元素少，进行遍历也很快，甚至可以比 HashMap 本身的查找还要快。比如下面我们可以使用数组来模拟 HashMap 的增删改操作。

```
public class ArrayMap<K, V> {

  private List<K> keys = new ArrayList<>();
  private List<V> values = new ArrayList<>();

  public V put(K k, V v) {
    for (int i = 0; i < keys.size(); i++) {
      if (keys.get(i).equals(k)) {
        V oldv = values.get(i);
        values.set(i, v);
        return oldv;
      }
    }
    keys.add(k);
    values.add(v);
    return null;
  }

  public V get(K k) {
    for (int i = 0; i < keys.size(); i++) {
      if (keys.get(i).equals(k)) {
        return values.get(i);
      }
    }
    return null;
```

```
  }

  public V delete(K k) {
    for (int i = 0; i < keys.size(); i++) {
      if (keys.get(i).equals(k)) {
        keys.remove(i);
        return values.remove(i);
      }
    }
    return null;
  }

}
```

Redis 的 ziplist 是一个紧凑的字节数组结构，如图 2-15 所示，每个元素之间都是紧挨着的。我们无需牢记 zlbytes、zltail 和 zlend 的含义，稍微了解一下就好。

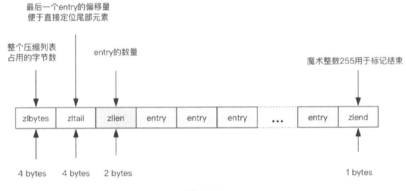

图 2-15

如果它存储的是 hash 结构，那么 key 和 value 会作为两个 entry 被相邻存储。

```
127.0.0.1:6379> hset hello a 1
(integer) 1
127.0.0.1:6379> hset hello b 2
(integer) 1
127.0.0.1:6379> hset hello c 3
(integer) 1
127.0.0.1:6379> object encoding hello
"ziplist"
```

如果它存储的是 zset 结构，那么 value 和 score 会作为两个 entry 被相邻存储。

```
127.0.0.1:6379> zadd world 1 a
(integer) 1
127.0.0.1:6379> zadd world 2 b
(integer) 1
127.0.0.1:6379> zadd world 3 c
(integer) 1
127.0.0.1:6379> object encoding world
"ziplist"
```

关于压缩列表的更多细节，请阅读第 5.3 节"挨肩迭背——探索'压缩列表'内部"和第 5.4 节"风驰电掣——探索'快速列表'内部"。

如图 2-16 所示，Redis 的 intset 是一个紧凑的整数数组结构，用于存放元素都是整数且元素个数较少的 set 集合。

如果整数可以用 uint16 表示，那么 intset 的元素就是 16 位的数组，如果新加入的整数超过了 uint16 的表示范围，那么就使用 uint32 表示，如果新加入的元素超过了 uint32 的表示范围，那么就使用 uint64 表示。Redis 支持 set 集合动态从 uint16 升级到 uint32，再升级到 uint64。

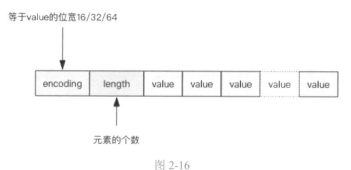

图 2-16

```
127.0.0.1:6379> sadd hello 1 2 3
(integer) 3
127.0.0.1:6379> object encoding hello
"intset"
```

如果 set 里存储的是字符串，那么 sadd 立即升级为 hashtable 结构。还记得 Java 的 HashSet 吗，它内部是使用 HashMap 实现的。

```
127.0.0.1:6379> sadd hello yes no
(integer) 2
```

```
127.0.0.1:6379> object encoding hello
"hashtable"
```

下面说下存储界限。当集合对象的元素不断增加，或者某个 value 值过大，这种小对象存储也会被升级为标准结构。Redis 规定小对象存储结构的限制条件如下。

```
hash-max-ziplist-entries 512     # hash 的元素个数超过 512 就必须用标准
结构存储
hash-max-ziplist-value 64        # hash 的任意元素的 key/value 的长度
超过 64 就必须用标准结构存储
list-max-ziplist-entries 512     # list 的元素个数超过 512 就必须用标准
结构存储
list-max-ziplist-value 64        # list 的任意元素的长度超过 64 就必须
用标准结构存储
zset-max-ziplist-entries 128     # zset 的元素个数超过 128 就必须用标准
结构存储
zset-max-ziplist-value 64        # zset 的任意元素的长度超过 64 就必须
用标准结构存储
set-max-intset-entries 512       # set 的整数元素个数超过 512 就必须用
标准结构存储
```

接下来我们做一个小实验，看看这里的界限是不是真的起到作用了。

```
import redis
client = redis.StrictRedis()
client.delete("hello")
for i in range(512):
    client.hset("hello", str(i), str(i))
print client.object("encoding", "hello")     # 获取对象的存储结构
client.hset("hello", "512", "512")
print client.object("encoding", "hello")     # 再次获取对象的存储结构
```

输出如下。

```
ziplist
hashtable
```

可以看出来当 hash 结构的元素个数超过 512 的时候，存储结构就发生了变化。

接下来我们再试试递增 value 的长度，在 Python 里面对字符串乘以一个整数 n 相当于重复 n 次。

```
import redis
client = redis.StrictRedis()
```

```
client.delete("hello")
for i in range(64):
    client.hset("hello", str(i), "0" * (i+1))
print client.object("encoding", "hello")        # 获取对象的存储结构
client.hset("hello", "512", "0" * 65)
print client.object("encoding", "hello")         # 再次获取对象的存储结构
```

输出如下。

```
ziplist
hashtable
```

可以看出来当 hash 结构的任意 entry 的 value 超过了 64，存储结构就升级成标准结构了。

2.7.3 内存回收机制

Redis 并不总是将空闲内存立即归还给操作系统。

如果当前 Redis 内存有 10GB，当你删除了 1GB 的 key 后，再去观察内存，你会发现内存变化不会太大。原因是操作系统是以页为单位来回收内存的，这个页上只要还有一个 key 在使用，那么它就不能被回收。Redis 虽然删除了 1GB 的 key，但是这些 key 分散到了很多页面中，每个页面都还有其他 key 存在，这就导致了内存不会被立即回收。

不过，如果你执行 flushdb，然后再观察内存，会发现内存确实被回收了。原因是所有的 key 都被干掉了，大部分之前使用的页面都完全干净了，就会立即被操作系统回收。

Redis 虽然无法保证立即回收已经删除的 key 的内存，但是它会重新使用那些尚未回收的空闲内存。这就好比电影院里虽然一拨观众走了，但是座位还在，下一拨观众来了，直接坐上就行，而操作系统回收内存就好比把座位也都给搬走了。

2.7.4 内存分配算法

内存分配是一个非常复杂的课题，需要适当的算法划分内存页，需要考虑内存碎片，需要平衡性能和效率。

Redis 为了保持自身结构的简单性，在内存分配方面直接做了甩手掌柜，将内存分配的细节丢给了第三方内存分配库去实现。目前 Redis 可以使用 jemalloc（facebook）

库来管理内存，也可以切换到 tcmalloc（google）库。因为 jemalloc 的性能相比 tcmalloc 要稍好一些，所以 Redis 默认使用了 jemalloc。

```
127.0.0.1:6379> info memory
# Memory
used_memory:809608
used_memory_human:790.63K
used_memory_rss:8232960
used_memory_peak:566296608
used_memory_peak_human:540.06M
used_memory_lua:36864
mem_fragmentation_ratio:10.17
mem_allocator:jemalloc-3.6.0
```

通过 info memory 指令可以看到 Redis 的 mem_allocator 使用了 jemalloc。

第 *3* 篇

集群篇

3.1 有备无患——主从同步

很多企业都没有使用 Redis 的集群，但是至少都做了主从。有了主从，当主节点（Master）挂掉的时候，运维让从节点（Slave）过来接管，服务就可以继续，否则主节点需要经过数据恢复和重启的过程，这就可能会拖延很长的时间，从而影响线上业务的持续服务。

在了解 Redis 的主从复制之前，让我们先来理解一下现代分布式系统的理论基石——CAP 原理。

3.1.1 CAP 原理

CAP 原理就好比分布式领域的牛顿定律，它是分布式存储的理论基石。自从 CAP 的论文发表之后，分布式存储中间件犹如雨后春笋般涌现出来。理解这个原理其实很简单，本节我们首先对这个原理进行简单的讲解。

- C：Consistent ，一致性
- A：Availability ，可用性
- P：Partition tolerance ，分区容忍性

分布式系统的节点往往都是分布在不同的机器上进行网络隔离开的，这意味着必然会有网络断开的风险，这个网络断开的场景的专业词汇叫作网络分区。

如图 3-1 所示，在网络分区发生时，两个分布式节点之间无法进行通信，我们对一个节点进行的修改操作将无法同步到另外一个节点，所以数据的一致性将无法满足，因为两个分布式节点的数据不再保持一致。除非我们牺牲可用性，也就是暂

停分布式节点服务，在网络分区发生时，不再提供修改数据的功能，直到网络状况完全恢复正常再继续对外提供服务。

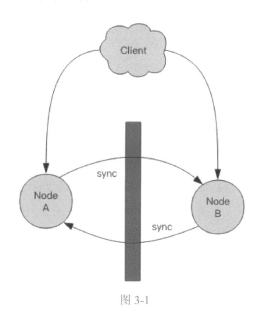

图 3-1

用一句话概括 CAP 原理就是：当网络分区发生时，一致性和可用性两难全。

3.1.2　最终一致

Redis 的主从数据是异步同步的，所以分布式的 Redis 系统并不满足一致性要求。当客户端在 Redis 的主节点修改了数据后，立即返回，即使在主从网络断开的情况下，主节点依旧可以正常对外提供修改服务，所以 Redis 满足可用性。

Redis 保证最终一致性，从节点会努力追赶主节点，最终从节点的状态会和主节点的状态保持一致。如果网络断开了，主从节点的数据将会出现大量不一致，但一旦网络恢复，从节点会采用多种策略努力追赶，继续尽力保持和主节点一致。

3.1.3　主从同步与从从同步

Redis 同步支持主从同步和从从同步，如图 3-2 所示，从从同步功能是 Redis 后续版本增加的功能，以减轻主节点的同步负担。后面为了描述上的方便，统一理解为主从同步。

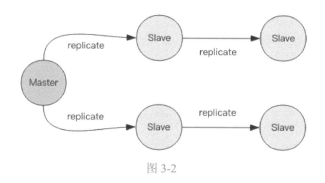

图 3-2

3.1.4　增量同步

Redis 同步的是指令流，主节点会将那些对自己的状态产生修改性影响的指令记录在本地的内存 buffer 中，然后异步将 buffer 中的指令同步到从节点，从节点一边执行同步的指令流来达到和主节点一样的状态，一边向主节点反馈自己同步到哪里了（偏移量）。

因为内存的 buffer 是有限的，所以 Redis 主节点不能将所有的指令都记录在内存 buffer 中。Redis 的复制内存 buffer 是一个定长的环形数组，如图 3-3 所示，如果数组内容满了，就会从头开始覆盖前面的内容。

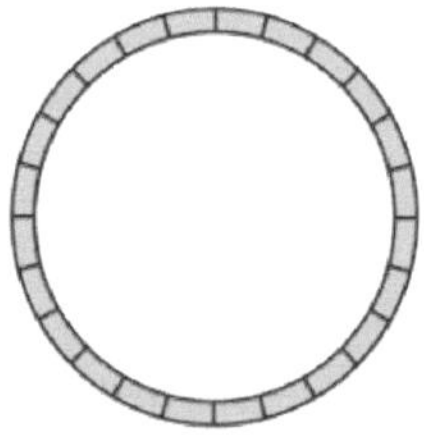

图 3-3

如果因为网络状况不好，从节点在短时间内无法和主节点进行同步，那么当网络状况恢复时，Redis 的主节点中那些没有同步的指令在 buffer 中有可能已经被后续的指令覆盖掉了，从节点将无法直接通过指令流来进行同步，这个时候就需要用到更加复杂的同步机制——快照同步。

3.1.5　快照同步

快照同步是一个非常耗费资源的操作，如图 3-4 所示，它首先需要在主节点上进行一次 bgsave，将当前内存的数据全部快照到磁盘文件中，然后再将快照文件的内容全部传送到从节点。从节点将快照文件接受完毕后，立即执行一次全量加载，加载之前先要将当前内存的数据清空，加载完毕后通知主节点继续进行增量同步。

在整个快照同步进行的过程中，主节点的复制 buffer 还在不停地往前移动，如果快照同步的时间过长或者复制 buffer 太小，都会导致同步期间的增量指令在复制 buffer 中被覆盖，这样就会导致快照同步完成后无法进行增量复制，然后会再次发起快照同步，如此极有可能会陷入快照同步的死循环。

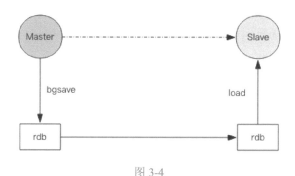

图 3-4

所以务必配置一个合适的复制 buffer 大小参数，避免快照复制的死循环。

3.1.6 增加从节点

当从节点刚刚加入到集群时，它必须先进行一次快照同步，同步完成后再继续进行增量同步。

3.1.7 无盘复制

主节点在进行快照同步时，会进行很耗时的文件 IO 操作，在非 SSD 磁盘存储时，快照同步会对系统的负载产生较大影响。特别是当系统正在进行 AOF 的 fsync 操作时，如果发生快照同步，fsync 将会被推迟执行，这就会严重影响主节点的服务效率。

所以从 Redis 2.8.18 版本开始，Redis 支持无盘复制。所谓无盘复制是指主服务器直接通过套接字将快照内容发送到从节点，生成快照是一个遍历的过程，主节点会一边遍历内存，一边将序列化的内容发送到从节点，从节点还是跟之前一样，先将接收到的内容存储到磁盘文件中，再进行一次性加载。

3.1.8 wait 指令

Redis 的复制是异步进行的，wait 指令可以让异步复制变身同步复制，确保系统的强一致性（不严格）。wait 指令是 Redis 3.0 版本以后才出现的。

```
> set key value
OK
> wait 1 0
(integer) 1
```

wait 提供两个参数，第一个参数是从节点的数量 N，第二个参数是时间 t，以毫秒为单位。两个参数的含义是：等待 wait 指令之前的所有写操作同步到 N 个从节点（也就是确保 N 个从节点的同步没有滞后），最多等待时间 t。如果时间 t=0，表示无限等待直到 N 个从节点同步完成。

假设此时出现了网络分区，wait 指令第二个参数时间 t=0，主从同步无法继续进行，wait 指令会永远阻塞，Redis 服务器将丧失可用性。

3.1.9　小结

主从复制是 Redis 分布式的基础，Redis 的高可用离开了主从复制将无从进行。在后面的内容中，我们会讲解 Redis 的集群模式，这几种集群模式都依赖于本节所讲的主从复制。

不过复制功能也不是必需的，如果你只用 Redis 做缓存，跟 memcache 一样对待，也就不需要从节点做备份，挂掉了重新启动一下就行。但是只要你使用了 Redis 的持久化功能，就必须认真对待主从复制，它是系统数据安全的基础保障。

3.2　李代桃僵——Sentinel

目前我们还只是讲 Redis 的主从最终一致性。大家可曾思考过，如果主节点凌晨 3 点突发宕机怎么办？只能坐等运维人员从床上爬起来，然后手工进行主从切换，再通知所有的程序把地址统统改一遍重新上线吗？毫无疑问，这样的人工运维效率太低，事故发生后估计至少要花费 1 个小时才能缓过来。如果一个大型公司发生这样的事故，足以登上新闻了。

所以我们必须要有一个高可用方案来抵抗节点故障，当故障发生时可以自动进行主从切换，程序可以不用重启，运维人员可以继续睡大觉，仿佛什么事也没发生一样。Redis 官方提供了这样一种方案——Redis Sentinel（Sentinel 的含义是哨兵）。

如图 3-5 所示，我们可以将 Redis Sentinel 集群看成是一个 zookeeper 集群，它是集群高可用的心脏，一般由 3 ～ 5 个节点组成，这样即使个别节点挂了，集群还可以正常运转。

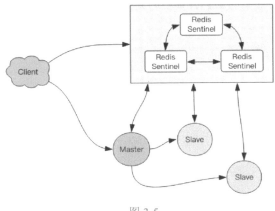

图 3-5

Sentinel 负责持续监控主从节点的健康，当主节点挂掉时，自动选择一个最优的从节点切换成为主节点。客户端来连接集群时，会首先连接 Sentinel，通过 Sentinel来查询主节点的地址，然后再连接主节点进行数据交互。当主节点发生故障时，客户端会重新向 Sentinel 要地址，Sentinel 会将最新的主节点地址告诉客户端。如此应用程序将无须重启即可自动完成节点切换。比如图 3-5 所示的主节点挂掉后，集群将可能自动调整为图 3-6 所示结构。

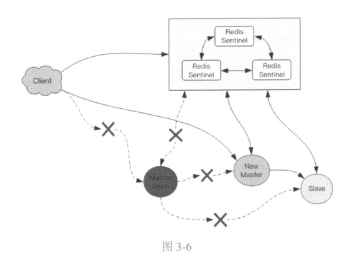

图 3-6

从图中我们能看到，如果主节点挂掉了，原先的主从复制也断开了，客户端和损坏的主节点也断开了。一个从节点被提升为新的主节点，其他从节点开始和新的主节点建立复制关系。客户端通过新的主节点继续进行交互。Sentinel 会持续监控已经挂掉了的主节点，待它恢复后，集群会调整为图 3-7 所示的结构。

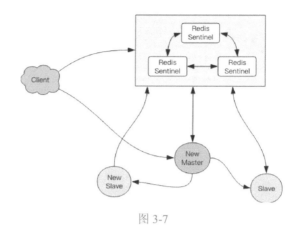

图 3-7

原先挂掉的主节点现在变成了从节点，从新的主节点那里建立复制关系。

3.2.1　消息丢失

Redis 主从采用异步复制，意味着当主节点挂掉时，从节点可能没有收到全部的同步消息，这部分未同步的消息就丢失了。如果主从延迟特别大，那么丢失的数据就可能会特别多。Sentinel 无法保证消息完全不丢失，但是也能尽量保证消息少丢失。它有两个选项可以限制主从延迟过大。

```
min-slaves-to-write 1
min-slaves-max-lag 10
```

第一个参数表示主节点必须至少有一个从节点在进行正常复制，否则就停止对外写服务，丧失可用性。

何为正常复制，何为异常复制？这是由第二个参数控制的，它的单位是秒（s），表示如果在 10s 内没有收到从节点的反馈，就意味着从节点同步不正常，要么是网络断开了，要么是一直没有给反馈。

3.2.2　Sentinel 基本用法

接下来我们看看客户端如何使用 Sentinel。标准的流程应该是客户端可以通过 Sentinel 发现主从节点的地址，然后再通过这些地址建立相应的连接来进行数据存取操作。我们来看看 Python 客户端是如何做的。

```
>>> from redis.sentinel import Sentinel
>>> sentinel = Sentinel([('localhost', 26379)], socket_
timeout=0.1)
>>> sentinel.discover_master('mymaster')
('127.0.0.1', 6379)
>>> sentinel.discover_slaves('mymaster')
[('127.0.0.1', 6380)]
```

Sentinel 的默认端口是 26379，不同于 Redis 的默认端口 6379，通过 Sentinel 对象的 discover_xxx 方法可以发现主从地址。主地址只有一个，从地址可以有多个。

```
>>> master = sentinel.master_for('mymaster', socket_timeout=0.1)
>>> slave = sentinel.slave_for( 'mymaster' , socket_timeout=0.1)
>>> master.set('foo', 'bar')
>>> slave.get( 'foo' )
'bar'
```

通过 xxx_for 方法可以从连接池中拿出一个连接来使用，因为从地址有多个，Redis 客户端对从地址采用轮询方案，也就是 RoundRobin 轮着来。

有一个问题是，当 Sentinel 进行主从切换时，客户端如何知道地址变更了？通过分析源码，老钱发现 redis-py 在建立连接的时候进行了主从节点地址变更判断。

连接池建立新连接时，会去查询主节点地址，然后跟内存中的主节点地址进行比对，如果变更了，就断开所有连接，重新使用新地址建立新连接。如果是旧的主节点挂掉了，那么所有正在使用的连接都会被关闭，然后在重连时就会用上新地址。

但是这样还不够，如果是 Sentinel 主动进行主从切换的，但主节点并没有挂掉，而之前的主节点连接已经建立了且在使用中，没有新连接需要建立，那么这个连接是不是一直切换不了？

继续深入研究源码，老钱发现 redis-py 在另外一个地方也做了控制，那就是在处理命令的时候捕获了一个特殊的异常 ReadOnlyError，在这个异常里将所有的旧连接全部关闭了，后续指令就会进行重连。

主从切换后，之前的主节点被降级为从节点，所有的修改性的指令都会抛出 ReadonlyError。如果没有修改性指令，虽然连接不会得到切换，但是数据不会被破坏，所以即使不切换也没关系。

3.2.3 思考&作业

1. 尝试自己搭建一套 Redis Sentinel 集群。

2．使用 Python 或者 Java 的客户端对集群进行一些常规操作。

3．试试主从切换，主动切换和被动切换都试一试，看看客户端能否正常切换连接。

3.3　分而治之——Codis

在大数据高并发场景下，单个 Redis 实例往往会显得捉襟见肘。首先体现在内存上，单个 Redis 的内存不宜过大，内存太大会导致 rdb 文件过大，进一步导致主从同步时全量同步时间过长，在实例重启恢复时也会消耗很长的数据加载时间，特别是在云环境下，单个实例内存大小往往都是受限的。其次体现在 CPU 的利用率上，单个 Redis 实例只能利用单个核心，这单个核心要完成海量数据的存取和管理工作，压力会非常大。

正是在这样的大数据高并发的需求之下，Redis 集群方案应运而生。它可以将众多小内存的 Redis 实例整合起来，将分布在多台机器上的众多 CPU 核心的计算能力聚集到一起，完成海量数据存储和高并发读写操作。

Codis 是 Redis 集群方案之一，令我们感到骄傲的是，它是中国人开发并开源的，来自前豌豆荚中间件团队。Codis 非常靠谱，图 3-8 所示的是 Codis 项目的 Logo。有了 Codis 技术积累之后，项目带头人刘奇又开发出中国人自己的开源分布式数据库——**TiDB**。

图 3-8

从 Redis 的广泛流行到 Redis Cluster 的广泛使用，其间相隔了好多年，Codis 就是在这样的市场空缺的机遇下发展出来的。大型公司有明确的 Redis 在线扩容需求，但是市场上没有特别好的中间件可以做到这一点。

Codis 使用 Go 语言开发，它是一个代理中间件，和 Redis 一样也使用 Redis 协议对外提供服务，当客户端向 Codis 发送指令时，Codis 负责将指令转发到后面的 Redis 实例来执行，并将返回结果再转回给客户端，如图 3-9 所示。

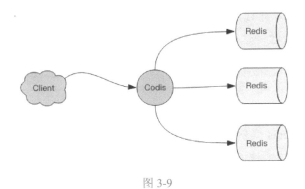

图 3-9

Codis 上挂接的所有 Redis 实例构成一个 Redis 集群，当集群空间不足时，可以通过动态增加 Redis 实例来实现扩容需求。

客户端操纵 Codis 与操纵 Redis 几乎没有区别，还可以使用相同的客户端 SDK，不需要任何变化。

因为 Codis 是无状态的，它只是一个转发代理中间件，这意味着我们可以启动多个 Codis 实例，供客户端使用，每个 Codis 节点都是对等的，如图 3-10 所示。因为单个 Codis 代理能支撑的 QPS 比较有限，通过启动多个 Codis 代理可以显著增加整体的 QPS 需求，还能起到容灾功能，挂掉一个 Codis 代理没关系，还有很多 Codis 代理可以继续服务。

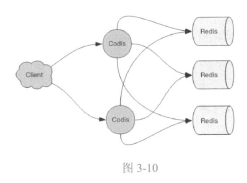

图 3-10

3.3.1　Codis 分片原理

Codis 要负责将特定的 key 转发到特定的 Redis 实例，那么这种对应关系 Codis 是如何管理的呢？

Codis 默认将所有的 key 划分为 1024 个槽位（slot），它首先对客户端传过来的 key 进行 crc32 运算计算 hash 值，再将 hash 后的整数值对 1024 这个整数进行取模得到一个余数，这个余数就是对应 key 的槽位。

如图 3-11 所示，每个槽位都会唯一映射到后面的多个 Redis 实例之一，Codis 会在内存中维护槽位和 Redis 实例的映射关系。这样有了上面 key 对应的槽位，那么它应该转发到哪个 Redis 实例就很明确了。

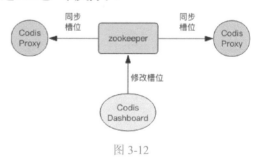

图 3-11

```
hash = crc32(command.key)
slot_index = hash % 1024
redis = slots[slot_index].redis
redis.do(command)
```

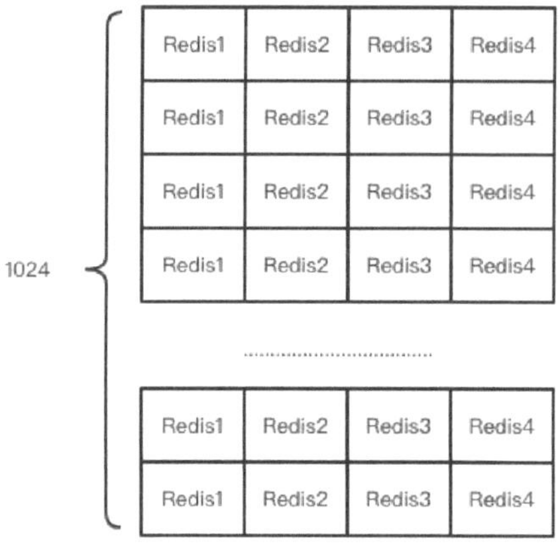

槽位数量默认是 1024，它是可以设置的，如果集群节点比较多，建议将这个数值设置大一些，比如 2048、4096 等。

3.3.2　不同的 Codis 实例之间槽位关系如何同步

如果 Codis 的槽位映射关系只存储在内存里，那么不同的 Codis 实例之间的槽位关系就无法得到同步。所以 Codis 还需要一个分布式配置存储数据库专门用来持久化槽位关系。Codis 开始使用 zookeeper，后来连 etcd 也一块支持了。

如图 3-12 所示，Codis 将槽位关系存储在 zookeeper 中，并且提供了一个 Dashboard 可以用来观察和修改槽位关系，当槽位关系变化时，Codis Proxy 会监听到变化并重新同步槽位关系，从而实现多个 Codis Proxy 之间共享相同的槽位关系配置。

图 3-12

3.3.3　扩容

刚开始 Codis 后端只有一个 Redis 实例，1024 个槽位全部指向同一个 Redis。然后一个 Redis 实例内存不够了，所以又加了一个 Redis 实例。这时候需要对槽位关系进行调整，将一半的槽位划分到新的节点。这意味着需要对这一半的槽位对应的所有 key 进行迁移，迁移到新的 Redis 实例。

那么 **Codis** 如何找到槽位对应的所有 **key** 呢？

Codis 对 Redis 进行了改造，增加了 SLOTSSCAN 指令，可以遍历指定 slot 下所有的 key。Codis 通过 SLOTSSCAN 扫描出待迁移槽位的所有 key，然后挨个迁移每个 key 到新的 Redis 节点。

在迁移过程中，Codis 还是会接收到新的请求打在当前正在迁移的槽位上，因为当前槽位的数据同时存在于新旧两个槽位中，Codis 如何判断该将请求转发到哪个具体实例呢？

Codis 无法判定迁移过程中的 key 究竟在哪个实例中，所以它采用了另一种完全不同的思路。当 Codis 接收到位于正在迁移槽位中的 key 后，会立即强制对当前的单个 key 进行迁移，迁移完成后，再将请求转发到新的 Redis 实例。

```
slot_index = crc32(command.key) % 1024
if slot_index in migrating_slots:
do_migrate_key(command.key)   # 强制执行迁移
redis = slots[slot_index].new_redis
else:
redis = slots[slot_index].redis
redis.do(command)
```

我们知道 Redis 支持的所有 Scan 指令都是无法避免重复的，同样 Codis 自定义的 SLOTSSCAN 也是一样，但是这并不会影响迁移。因为单个 key 被迁移一次后，在旧实例中它就被彻底删除了，也就不可能会被再次扫描出来了。

3.3.4　自动均衡

Redis 新增实例，手工均衡 slot 太烦琐，所以 Codis 提供了自动均衡功能。自动均衡会在系统比较空闲的时候观察每个 Redis 实例对应的 slot 数量，如果不平衡，就会自动进行迁移。

3.3.5　Codis 的代价

Codis 给 Redis 带来了扩容的同时，也损失了其他一些特性。因为 Codis 中所有的 key 分散在不同的 Redis 实例中，所以就不能再支持事务了，事务只能在单个 Redis 实例中完成。同样 rename 操作也很危险，它的参数是两个 key，如果这两个 key 在不同的 Redis 实例中，rename 操作是无法正确完成的。Codis 的官方文档中给出了一系列不支持的命令列表。

同样为了支持扩容，单个 key 对应的 value 不宜过大，因为集群迁移的最小单位是 key，对于一个 hash 结构，它会一次性使用 hgetall 拉取所有的内容，然后使用 hmset 将之放置到另一个节点中。如果 hash 内部的 key/value 太多，可能会带来迁移卡顿。官方建议单个集合结构的总字节容量不要超过 1MB。如果我们要放置社交关系数据，例如粉丝列表之类，就需要注意了，可以考虑分桶存储，在业务上作折中。

Codis 因为增加了 Proxy 作为中转层，所以在网络开销上要比单个 Redis 大，毕竟数据包多走了一个网络节点，整体性能上要比单个 Redis 的性能有所下降，但是这部分性能损耗不是太明显，可以通过增加 Proxy 的数量来弥补性能上的不足。

Codis 的集群配置中心使用 zookeeper 来实现，这意味着在部署上增加了 zookeeper 运维的代价，不过大部分互联网企业内部都有 zookeeper 集群，使用现有的 zookeeper 集群即可。

3.3.6 Codis 的优点

Codis 在设计上相比 Redis Cluster 官方集群方案要简单很多，因为它将分布式的问题交给了第三方（zookeeper 或 etcd）去负责，自己就省去了复杂的分布式一致性代码的编写维护工作。而与之相比，Redis Cluster 的内部实现非常复杂，它为了实现去中心化，混合使用了复杂的 Raft 和 Gossip 协议，还有大量的需要调优的配置参数，当集群出现故障时，维护人员往往不知道从何处着手。

3.3.7 mget 指令的操作过程

mget 指令用于批量获取多个 key 的值，这些 key 可能会分布在多个 Redis 实例中。Codis 的策略是将 key 按照所分配的实例打散分组，然后依次对每个实例调用 mget 方法，最后将结果汇总为一个，再返回给客户端，如图 3-13 所示。

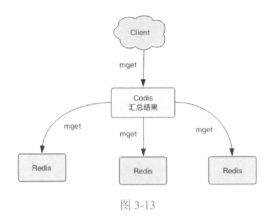

图 3-13

3.3.8　架构变迁

Codis 作为非官方 Redis 集群方案，近几年来它的结构一直在不断变化，一方面当官方的 Redis 有变化的时候它要实时去跟进，另一方面它作为 Redis Cluster 的竞争方案之一，还要持续提高自己的竞争力，给自己增加官方集群所没有的更多的便捷功能。

比如 Codis 有强大的 Dashboard 功能，能够便捷地对 Redis 集群进行管理，这是 Redis 官方所欠缺的。另外 Codis 还开发了一个 Codis-fe（fe 即 federation，意为联邦）工具，可以同时对多个 Codis 集群进行管理。在大型企业中，Codis 集群往往会有几十个，有这样一个便捷的联邦工具可以降低不少运维成本。

3.3.9　Codis 的尴尬

Codis 不是 Redis 官方项目，这意味着它的命运会无比曲折，它总是要被官方 Redis 牵着鼻子走。当 Redis 官方提供了某种新功能时，Codis 就会感到恐惧，害怕自己被市场甩掉，所以必须实时保持跟进。

同时因为 Codis 总是要比 Redis 官方慢一拍，Redis 官方提供的最新功能，Codis 往往要等很久才能同步。比如在 Redis 在 4.0 版本中就提供了插件化 Redis-Module 支持，但到目前（截至 2018 年 9 月）为止，Codis 还没有提供解决方案。

现在 Redis Cluster 在业界已经逐渐流行起来，Codis 能否持续保持竞争力是个问题，我们看到 Codis 在不断地进行差异化竞争，竞争的方法就体现在工具上而不是内核上，这个策略和官方的路线是相反的。官方对工具无暇顾及，只提供基本的工具，其他完全交给第三方去开发。

3.3.10　Codis 的后台管理

Codis 后台管理的界面非常友好，使用了最新的 BootStrap 前端框架。如图 3-14 所示，比较酷炫的是可以看到实时的 QPS 波动曲线。

图 3-14

同时其还支持服务器集群管理功能，可以增加分组、增加节点、执行自动均衡等指令，还可以直接查看所有 slot 的状态、每个 slot 被分配到哪个 Redis 实例。

3.3.11　思考&作业

1. 请读者自己尝试搭建一个 Codis 集群。
2. 使用 Python 或者 Java 客户端体验一下 Codis 集群的常规 Redis 指令。

3.4　众志成城——Cluster

Redis Cluster 是 Redis 的"亲儿子"，它是 Redis 作者自己提供的 Redis 集群化方案，图 3-15 所示是它的 Logo。与 Codis 有所不同，Redis Cluster 是去中心化的，如图 3-16 所示，该集群由三个 Redis 节点组成，每个节点负责整个集群的一部分数据，每个节点负责的数据多少可能不一样。这三个节点相互连接组成一个对等的集群，它们之间通过一种特殊的二进制协议交互集群信息。

图 3-15

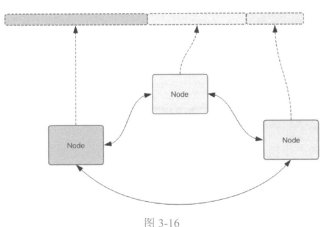

图 3-16

Redis Cluster 将所有数据划分为 16384 个槽位，它比 Codis 的 1024 个槽位划分得更为精细，每个节点负责其中一部分槽位。槽位的信息存储于每个节点中，它不像 Codis，不需要另外的分布式存储空间来存储节点槽位信息。

当 Redis Cluster 的客户端来连接集群时，也会得到一份集群的槽位配置信息。这样当客户端要查找某个 key 时，可以直接定位到目标节点。这一点不同于 Codis，Codis 需要通过 Proxy 来定位目标节点，Redis Cluster 则直接定位。

客户端为了可以直接定位某个具体的 key 所在的节点，需要缓存槽位相关信息，这样才可以准确快速地定位到相应的节点。同时因为可能会存在客户端与服务器存储槽位的信息不一致的情况，还需要纠正机制来实现槽位信息的校验调整。

另外，Redis Cluster 的每个节点会将集群的配置信息持久化到配置文件中，所以必须确保配置文件是可写的，而且尽量不要依靠人工修改配置文件。

3.4.1　槽位定位算法

Redis Cluster 默认会对 key 值使用 crc16 算法进行 hash，得到一个整数值，然后用这个整数值对 16 384 进行取模来得到具体槽位。

Redis Cluster 还允许用户强制把某个 key 挂在特定槽位上。通过在 key 字符串里面嵌入 tag 标记，这就可以强制 key 所挂的槽位等于 tag 所在的槽位。

```
def HASH_SLOT(key)
    s = key.index "{"
    if s
        e = key.index "}",s+1
        if e && e != s+1
            key = key[s+1..e-1]
        end
    end
    crc16(key) % 16384
end
```

3.4.2　跳转

当客户端向一个错误的节点发出了指令后，该节点会发现指令的 key 所在的槽位并不归自己管理，这时它会向客户端发送一个特殊的跳转指令携带目标操作的节点地址，告诉客户端去连接这个节点以获取数据。

```
GET x
-MOVED 3999 127.0.0.1:6381
```

MOVED 指令的第一个参数 3999 是 key 对应的槽位编号，后面是目标节点地址。MOVED 指令前面有一个减号，表示该指令是一个错误消息。

客户端在收到 MOVED 指令后，要立即纠正本地的槽位映射表。后续所有 key 将使用新的槽位映射表。

3.4.3　迁移

Redis Cluster 提供了工具 redis-trib 可以让运维人员手动调整槽位的分配情况，它使用 Ruby 语言开发，通过组合各种原生的 Redis Cluster 指令来实现。这一点 Codis

做得更加人性化，它不但提供了 UI 界面可以让我们方便地迁移，还提供了自动化平衡槽位工具，无需人工干预就可以均衡集群负载。不过 Redis 官方向来的策略就是提供最小可用的工具，其他都交由社区完成。接下来我们仔细看看 Redis Cluster 的数据迁移过程。

Redis 迁移的单位是槽，Redis 一个槽一个槽地进行迁移，当一个槽正在迁移时，这个槽就处于中间过渡状态。如图 3-17 所示，这个槽在源节点的状态为 migrating，在目标节点的状态为 importing，表示数据正在从源节点流向目标节点。

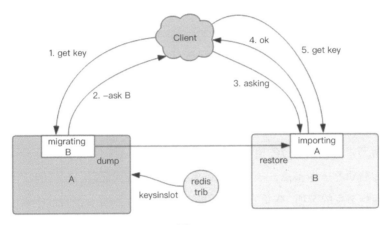

图 3-17

迁移工具 redis-trib 首先会在源节点和目标节点设置好中间过渡状态，然后一次性获取源节点槽位的所有 key 列表（keysinslot 指令，可以部分获取），再挨个 key 进行迁移。每个 key 的迁移过程是以源节点作为目标节点的"客户端"，源节点对当前的 key 执行 dump 指令得到序列化内容，然后通过"客户端"向目标节点发送 restore 指令携带序列化的内容作为参数，目标节点再进行反序列化就可以将内容恢复到目标节点的内存中，然后返回"客户端"OK，源节点"客户端"收到后再把当前节点的 key 删除掉就完成了单个 key 迁移的全过程。

大致流程如下：从源节点获取内容→存到目标节点→从源节点删除内容。

注意这里的迁移过程是同步的，在目标节点执行 restore 指令到源节点删除 key 之间，源节点的主线程会处于阻塞状态，直到 key 被成功删除。

如果迁移过程中突然出现网络故障，整个槽的迁移只进行了一半，这时两个节点依旧处于中间过渡状态，待下次迁移工具重新连上时，会提示用户继续进行迁移。

在迁移过程中，如果每个 key 的内容都很小，migrate 指令会执行得很快，它就不会影响客户端的正常访问。如果 key 的内容很大，因为 migrate 指令是阻塞指令，会同时导致源节点和目标节点卡顿，影响集群的稳定型。所以在集群环境下，业务逻辑要尽可能避免产生很大的 key。

在迁移过程中，客户端访问的流程会有很大的变化。

首先新旧两个节点对应的槽位都存在部分 key 数据。客户端先尝试访问旧节点，如果对应的数据还在旧节点里面，那么旧节点正常处理。如果对应的数据不在旧节点里面，那么有两种可能，要么该数据在新节点里，要么根本就不存在。旧节点不知道是哪种情况，所以它会向客户端返回一个 -ASK targetNodeAddr 的重定向指令。客户端收到这个重定向指令后，先去目标节点执行一个不带任何参数的 ASKING 指令，然后在目标节点再重新执行原先的操作指令。

为什么需要执行一个不带参数的 ASKING 指令呢？

因为在迁移没有完成之前，按理说这个槽位还是不归新节点管理的，如果这个时候向目标节点发送该槽位的指令，节点是不认的，它会向客户端返回一个 -MOVED 重定向指令告诉它去源节点去执行。如此就会形成重定向循环。ASKING 指令的目标就是打开目标节点的选项，告诉它下一条指令不能不理，而要当成自己的槽位来处理。

从以上过程可以看出，迁移是会影响服务效率的，同样的指令在正常情况下一个 ttl 就能完成，而在迁移情况下需要 3 个 ttl 才能搞定。

3.4.4　容错

Redis Cluster 可以为每个主节点设置若干个从节点，当主节点发生故障时，集群会自动将其中某个从节点提升为主节点。如果某个主节点没有从节点，那么当它发生故障时，集群将完全处于不可用状态。不过 Redis 也提供了一个参数 cluster-require-full-coverage 可以允许部分节点发生故障，其他节点还可以继续提供对外访问。

3.4.5　网络抖动

真实世界的机房网络往往不是风平浪静的，它们经常会发生各种各样的小问题。比如网络抖动就是非常常见的一种现象，突然之间部分连接变得不可访问，然后很快又恢复正常。

为解决这种问题，Redis Cluster 提供了一种选项 cluster-node-timeout，表示当某

个节点持续 timeout 的时间失联时，才可以认定该节点出现故障，需要进行主从切换。如果没有这个选项，网络抖动会导致主从频繁切换（数据的重新复制）。

还有另外一个选项 cluster-slave-validity-factor 作为倍乘系数放大这个超时时间来宽松容错的紧急程度。如果这个系数为零，那么主从切换是不会抗拒网络抖动的。如果这个系数大于 1，它就成了主从切换的松弛系数。

3.4.6 可能下线（PFail）与确定下线（Fail）

因为 Redis Cluster 是去中心化的，一个节点认为某个节点失联了并不代表所有的节点都认为它失联了，所以集群还得经过一次协商的过程，只有当大多数节点都认定某个节点失联了，集群才认为该节点需要进行主从切换来容错。

Redis 集群节点采用 Gossip 协议来广播自己的状态以及改变对整个集群的认知。比如一个节点发现某个节点失联了（PFail，即 Possibly Fail），它会将这条信息向整个集群广播，其他节点就可以收到这点的失联信息。如果收到了某个节点失联的节点数量（PFail Count）已经达到了集群的大多数，就可以标记该失联节点为确定下线状态（Fail），然后向整个集群广播，强迫其他节点也接受该节点已经下线的事实，并立即对该失联节点进行主从切换。

3.4.7 Cluster 基本用法

redis-py 客户端不支持 Cluster 模式，要使用 Cluster，必须安装另外一个包，这个包是依赖 redis-py 包的。

```
pip install redis-py-cluster
```

下面我们看看 redis-py-cluster 如何使用。

```
>>> from rediscluster import StrictRedisCluster
>>> # Requires at least one node for cluster discovery. Multiple
nodes is recommended.
>>> startup_nodes = [{"host": "127.0.0.1", "port": "7000"}]
>>> rc = StrictRedisCluster(startup_nodes=startup_nodes, decode_
responses=True)
>>> rc.set("foo", "bar")
True
>>> print(rc.get("foo"))
'bar'
```

Cluster 是去中心化的，它由多个节点组成，构造 StrictRedisCluster 实例时，我们可以只用一个节点地址，其他地址可以自动通过这个节点来发现。不过如果提供多个节点地址，安全性会更好。如果只提供一个节点地址，那么如果这个节点挂了，客户端就必须更换地址才可以继续访问 Cluster。 第二个参数 decode_responses 表示是否要将返回结果中的 byte 数组转换成 unicode。

Cluster 使用起来非常方便，和普通的 redis-py 差别不大，仅仅是构造方式不同。但是它们也有迥异之处，比如：Cluster 不支持事务；Cluster 的 mget 方法比 Redis 要慢很多，被拆分成了多个 get 指令；Cluster 的 rename 方法不再是原子的，它需要将数据从源节点转移到目标节点。

3.4.8　槽位迁移感知

如果 Cluster 中某个槽位正在迁移或者已经迁移完毕，那么客户端如何能感知到槽位的变化呢？客户端保存了槽位和节点的映射关系表，它需要及时得到更新，才可以正常地将某条指令发到正确的节点中。

我们前面提到 Cluster 有两个特殊的 error 指令，一个是 MOVED，一个是 ASKING。

MOVED 指令是用来纠正槽位的。如果我们将指令发送到了错误的节点，该节点发现对应的指令槽位不归自己管理，就会将目标节点的地址随同 MOVED 指令回复给客户端通知客户端去目标节点去访问。这个时候客户端就会刷新自己的槽位关系表，然后重试指令，后续所有打在该槽位的指令都会转到目标节点。

ASKING 指令和 MOVED 不一样，它是用来临时纠正槽位的。如果当前槽位正处于迁移中，指令会先被发送到槽位所在的旧节点。如果旧节点存在数据，那就直接返回结果了，如果不存在数据，那么数据可能真的不存在，也可能在迁移目标节点上，所以旧节点会通知客户端去新节点尝试拿数据，看看新节点有没有。这时就会给客户端返回一个 asking error 携带上目标节点的地址。客户端收到这个 asking error 后，就会去目标节点尝试。客户端不会刷新槽位映射关系表，因为它只是临时纠正该指令的槽位信息，不影响后续指令。

重试 2 次

MOVED 和 ASKING 指令都是重试指令,客户端会因为这两个指令多重试一次。大家有没有想过：会不会存在一种情况，客户端有可能重试 2 次呢？这种情况是存在的，比如一条指令被发送到错误的节点，这个节点会先给你一个 MOVED 错误告知你去另外一个节点重试，所以客户端就去另外一个节点重试了，结果刚好这个时候运维人员要对这个槽位进行迁移操作，于是给客户端回复了一个 ASKING 指令告知客户端去目标节点去重试指令。所以这种情形下，客户端重试了 2 次。

重试多次

在某些特殊情况下，客户端甚至会重试多次，大家可以打开自己的脑洞，想一想什么情况下客户端会重试多次。

正是因为存在多次重试的情况，所以客户端的源码里在执行指令时都会有一个循环，然后会设置一个最大重试次数，Java 和 Python 都有这个参数，只是设置的值不一样。当重试次数超过这个值时，客户端会直接向业务层抛出异常。

3.4.9　集群变更感知

当服务器节点变更时，客户端应该立即得到通知以实时刷新自己的节点关系表。那么客户端是如何得到通知的呢？这要分为两种情况。

1．目标节点挂掉了，客户端会抛出一个 ConnectionError，紧接着会随机挑一个节点来重试，这时被重试的节点会通过 MOVED 指令告知目标槽位被分配到的新的节点地址。

2．运维手动修改了集群信息，将主节点切换到其他节点，并将旧的主节点移除出集群。这时打在旧的主节点上的指令会收到一个 ClusterDown 的错误，告知当前节点所在集群不可用（当前节点已经被孤立了，它不再属于之前的集群）。这时客户端就会关闭所有的连接，清空槽位映射关系表，然后向上层抛错。待下一条指令过来时，就会重新尝试初始化节点信息。

3.4.10　思考&作业

1．请读者自己尝试搭建 Cluster 集群。

2．使用客户端连接集群体验一些常规指令的操作。

第 4 篇

拓展篇

4.1 耳听八方——Stream

Redis 5.0 被作者 Antirez 突然发布出来，增加了很多新的特色功能，其最大的新特性就是多出了一个数据结构 Stream，它是一个新的强大的支持多播的可持久化消息队列，作者坦言 Redis Stream 极大地借鉴了 Kafka 的设计。

Redis Stream 的结构如图 4-1 所示，它有一个消息链表，将所有加入的消息都串起来，每个消息都有一个唯一的 ID 和对应的内容。消息是持久化的，Redis 重启后，内容还在。

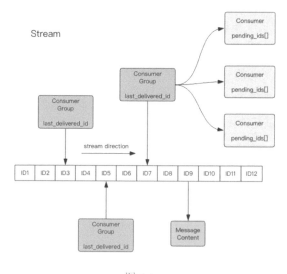

图 4-1

每个 Stream 都有唯一的名称，它就是 Redis 的 key，在我们首次使用 xadd 指令追加消息时自动创建。

每个 Stream 都可以挂多个消费组（Consumer Group），每个消费组会有个游标 last_delivered_id 在 Stream 数组之上往前移动，表示当前消费组已经消费到哪条消息了。每个消费组都有一个 Stream 内唯一的名称，消费组不会自动创建，它需要单独的指令 xgroup create 进行创建，需要指定从 Stream 的某个消息 ID 开始消费，这个 ID 用来初始化 last_delivered_id 变量。

每个消费组的状态都是独立的，相互不受影响。也就是说同一份 Stream 内部的消息会被每个消费组都消费到。

同一个消费组可以挂接多个消费者（Consumer），这些消费者之间是竞争关系，任意一个消费者读取了消息都会使游标 last_delivered_id 往前移动。每个消费者有一个组内唯一名称。

消费者内部会有一个状态变量 pending_ids，它记录了当前已经被客户端读取，但是还没有 ack 的消息。如果客户端没有 ack，这个变量里面的消息 ID 就会越来越多，一旦某个消息被 ack，它就开始减少。这个 pending_ids 变量在 Redis 官方被称为 PEL，也就是 Pending Entries List，这是一个核心的数据结构，它用来确保客户端至少消费了消息一次，而不会在网络传输的中途丢失了而没被处理。

4.1.1 消息 ID

消息 ID 的形式是 timestampInMillis-sequence，例如 1527846880572-5，它表示当前的消息在毫米时间戳 1527846880572 时产生，并且是该毫秒内产生的第 5 条消息。消息 ID 可以由服务器自动生成，也可以由客户端自己指定，但是形式必须是"整数 - 整数"，而且后面加入的消息的 ID 必须要大于前面的消息 ID。

4.1.2 消息内容

消息内容就是键值对，形如 hash 结构的键值对，这没什么特别之处。

4.1.3 增删改查

增删改查等指令说明如下。

1. xadd：向 Stream 追加消息。

2. xdel：从 Stream 中删除消息，这里的删除仅仅是设置标志位，不影响消息总长度。

3. xrange：获取 Stream 中的消息列表，会自动过滤已经删除的消息。

4. xlen：获取 Stream 消息长度。

5. del：删除整个 Stream 消息列表中的所有消息。

```
# * 号表示服务器自动生成 ID，后面顺序跟着 key、value
# 名字叫 laoqian，年龄 30 岁
127.0.0.1:6379> xadd codehole * name laoqian age 30
1527849609889-0   # 生成的消息 ID
127.0.0.1:6379> xadd codehole * name xiaoyu age 29
1527849629172-0
127.0.0.1:6379> xadd codehole * name xiaoqian age 1
1527849637634-0
127.0.0.1:6379> xlen codehole
(integer) 3
# - 表示最小值，  + 表示最大值
127.0.0.1:6379> xrange codehole - +
127.0.0.1:6379> xrange codehole - +
1) 1) 1527849609889-0
   2) 1) "name"
      2) "laoqian"
      3) "age"
      4) "30"
2) 1) 1527849629172-0
   2) 1) "name"
      2) "xiaoyu"
      3) "age"
      4) "29"
3) 1) 1527849637634-0
   2) 1) "name"
      2) "xiaoqian"
      3) "age"
      4) "1"
# 指定最小消息 ID 的列表
127.0.0.1:6379> xrange codehole 1527849629172-0 +
1) 1) 1527849629172-0
   2) 1) "name"
      2) "xiaoyu"
      3) "age"
      4) "29"
2) 1) 1527849637634-0
   2) 1) "name"
      2) "xiaoqian"
      3) "age"
      4) "1"
```

```
# 指定最大消息 ID 的列表
127.0.0.1:6379> xrange codehole - 1527849629172-0
1) 1) 1527849609889-0
   2) 1) "name"
      2) "laoqian"
      3) "age"
      4) "30"
2) 1) 1527849629172-0
   2) 1) "name"
      2) "xiaoyu"
      3) "age"
      4) "29"
127.0.0.1:6379> xdel codehole 1527849609889-0
(integer) 1
# 长度不受影响
127.0.0.1:6379> xlen codehole
(integer) 3
# 被删除的消息没了
127.0.0.1:6379> xrange codehole - +
1) 1) 1527849629172-0
   2) 1) "name"
      2) "xiaoyu"
      3) "age"
      4) "29"
2) 1) 1527849637634-0
   2) 1) "name"
      2) "xiaoqian"
      3) "age"
      4) "1"
# 删除整个 Stream
127.0.0.1:6379> del codehole
(integer) 1
```

4.1.4　独立消费

　　我们可以在不定义消费组的情况下进行 Stream 消息的独立消费，当 Stream 没有新消息时，甚至可以阻塞等待。Redis 设计了一个单独的消费指令 xread，可以将 Stream 当成普通的消息队列（list）来使用。使用 xread 时，我们可以完全忽略消费组的存在，就好像 Stream 是一个普通的列表一样。

```
# 从 Stream 头部读取两条消息
127.0.0.1:6379> xread count 2 streams codehole 0-0
1) 1) "codehole"
```

```
  2) 1) 1) 1527851486781-0
        2) 1) "name"
           2) "laoqian"
           3) "age"
           4) "30"
     2) 1) 1527851493405-0
        2) 1) "name"
           2) "yurui"
           3) "age"
           4) "29"
# 从 Stream 尾部读取一条消息，毫无疑问，这里不会返回任何消息
127.0.0.1:6379> xread count 1 streams codehole $
(nil)
# 从尾部阻塞等待新消息到来，下面的指令会堵住，直到新消息到来
127.0.0.1:6379> xread block 0 count 1 streams codehole $
# 我们重新打开一个窗口，通过这个窗口往 Stream 里塞消息
127.0.0.1:6379> xadd codehole * name youming age 60
1527852774092-0
# 再切换到前面的窗口，我们可以看到阻塞解除了，返回了新的消息内容
# 而且还显示了一个等待时间，在这里我们等了 93s
127.0.0.1:6379> xread block 0 count 1 streams codehole $
1) 1)  "codehole"
   2) 1) 1) 1527852774092-0
         2) 1) "name"
            2) "youming"
            3) "age"
            4) "60"
(93.11s)
```

客户端如果想要使用 xread 进行顺序消费，那么一定要记住当前消费到哪里了，也就是返回的消息 ID。下次继续调用 xread 时，将上次返回的最后一个消息 ID 作为参数传递进去，就可以继续消费后续的消息。

block 0 表示永远阻塞，直到消息到来；block 1000 表示阻塞 1s，如果 1s 内没有任何消息到来，就返回 nil。

```
127.0.0.1:6379> xread block 1000 count 1 streams codehole $
(nil)
(1.07s)
```

4.1.5　创建消费组

Stream 通过 xgroup create 指令创建消费组，如图 4-2 所示，创建消费组需要提

供起始消息 ID 参数用来初始化 last_delivered_id 变量。

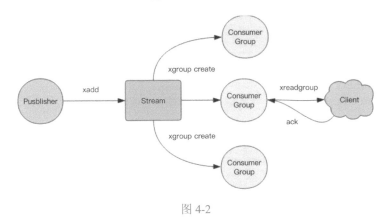

图 4-2

```
#  表示从头部开始消费
127.0.0.1:6379> xgroup create codehole cg1 0-0
OK
# $ 表示从尾部开始消费，只接受新消息，当前 Stream 消息会全部忽略
127.0.0.1:6379> xgroup create codehole cg2 $
OK
# 获取 Stream 信息
127.0.0.1:6379> xinfo stream codehole
 1) length
 2) (integer) 3              # 共 3 个消息
 3) radix-tree-keys
 4) (integer) 1
 5) radix-tree-nodes
 6) (integer) 2
 7) groups
 8) (integer) 2              # 2 个消费组
 9) first-entry             # 第一个消息
10) 1) 1527851486781-0
    2) 1) "name"
       2) "laoqian"
       3) "age"
       4) "30"
11) last-entry              # 最后一个消息
12) 1) 1527851498956-0
    2) 1) "name"
       2) "xiaoqian"
       3) "age"
       4) "1"
```

```
# 获取 Stream 的消费组信息
127.0.0.1:6379> xinfo groups codehole
1) 1) name
   2) "cg1"
   3) consumers
   4) (integer) 0              # 该消费组还没有消费者
   5) pending
   6) (integer) 0              # 该消费组没有正在处理的消息
2) 1) name
   2) "cg2"
   3) consumers                # 该消费组还没有消费者
   4) (integer) 0
   5) pending
   6) (integer) 0              # 该消费组没有正在处理的消息
```

4.1.6　消费

Stream 提供了 xreadgroup 指令可以进行消费组的组内消费，需要提供消费组名称、消费者名称和起始消息 ID。它同 xread 一样，也可以阻塞等待新消息。读到新消息后，对应的消息 ID 就会进入消费者的 PEL（正在处理的消息）结构里，客户端处理完毕后使用 xack 指令通知服务器，本条消息已经处理完毕，该消息 ID 就会从 PEL 中移除。

```
# > 号表示从当前消费组的 last_delivered_id 后面开始读
# 每当消费者读取一条消息，last_delivered_id 变量就会前进
127.0.0.1:6379> xreadgroup GROUP cg1 c1 count 1 streams codehole >
1) 1) "codehole"
   2) 1) 1) 1527851486781-0
         2) 1) "name"
            2) "laoqian"
            3) "age"
            4) "30"
127.0.0.1:6379> xreadgroup GROUP cg1 c1 count 1 streams codehole >
1) 1) "codehole"
   2) 1) 1) 1527851493405-0
         2) 1) "name"
            2) "yurui"
            3) "age"
            4) "29"
127.0.0.1:6379> xreadgroup GROUP cg1 c1 count 2 streams codehole >
1) 1) "codehole"
   2) 1) 1) 1527851498956-0
         2) 1) "name"
            2) "xiaoqian"
```

```
        3)  "age"
        4)  "1"
    2)  1)  1527852774092-0
        2)  1)  "name"
            2)  "youming"
            3)  "age"
            4)  "60"
```
再继续读取，就没有新消息了
```
127.0.0.1:6379> xreadgroup GROUP cg1 c1 count 1 streams codehole >
(nil)
```
那就阻塞等待吧
```
127.0.0.1:6379> xreadgroup GROUP cg1 c1 block 0 count 1 streams
codehole >
```
开启另一个窗口，往里塞消息
```
127.0.0.1:6379> xadd codehole * name lanying age 61
1527854062442-0
```
回到前一个窗口，发现阻塞解除，收到新消息了
```
127.0.0.1:6379> xreadgroup GROUP cg1 c1 block 0 count 1 streams
codehole >
1)  1)  "codehole"
    2)  1)  1)  1527854062442-0
            2)  1)  "name"
                2)  "lanying"
                3)  "age"
                4)  "61"

(36.54s)
```
观察消费组信息
```
127.0.0.1:6379> xinfo groups codehole
1)  1)  name
    2)  "cg1"
    3)  consumers
    4)  (integer) 1   # 1 个消费者
    5)  pending
    6)  (integer) 5   # 共 5 条正在处理的信息还没有 ack
2)  1)  name
    2)  "cg2"
    3)  consumers
    4)  (integer) 0   # 消费组 cg2 没有任何变化，因为前面我们一直在操纵 cg1
    5)  pending
    6)  (integer) 0
```
如果同一个消费组有多个消费者，则可以通过 xinfo consumers 指令观察每个消费
者的状态
```
127.0.0.1:6379> xinfo consumers codehole cg1   # 目前还有 1 个消费者
1)  1)  name
    2)  "c1"
```

```
   3) pending
   4) (integer) 5  # 共 5 条待处理消息
   5) idle
   6) (integer) 418715  # 空闲了多长时间 ms 没有读取消息了
# 接下来我们 ack 一条消息
127.0.0.1:6379> xack codehole cg1 1527851486781-0
(integer) 1
127.0.0.1:6379> xinfo consumers codehole cg1
1) 1) name
   2) "c1"
   3) pending
   4) (integer) 4  # 变成了 4 条
   5) idle
   6) (integer) 668504
# 下面 ack 所有消息
127.0.0.1:6379> xack codehole cg1 1527851493405-0 1527851498956-0
1527852774092-0 1527854062442-0
(integer) 4
127.0.0.1:6379> xinfo consumers codehole cg1
1) 1) name
   2) "c1"
   3) pending
   4) (integer) 0  # pel 空了
   5) idle
   6) (integer) 745505
```

4.1.7 Stream 消息太多怎么办

读者很容易想到，要是消息积累太多，Stream 的链表岂不是很长，内容会不会爆掉？ xdel 指令又不会删除消息，它只是给消息做了个标志位。

Redis 自然考虑到了这一点，所以它提供了一个定长 Stream 功能。在 xadd 的指令中提供一个定长长度参数 maxlen，就可以将老的消息干掉，确保链表不超过指定长度。

```
127.0.0.1:6379> xlen codehole
(integer) 5
127.0.0.1:6379> xadd codehole maxlen 3 * name xiaorui age 1
1527855160273-0
127.0.0.1:6379> xlen codehole
(integer) 3
```

我们看到 Stream 的长度被砍掉了。如果 Stream 在未来可以提供按时间戳清理消息的规则那就更加完美了，但是目前（截至 2018 年 9 月）还没有。

4.1.8　消息如果忘记 ack 会怎样

Stream 在每个消费者结构中保存了正在处理中的消息 ID 列表 PEL，如果消费者收到了消息，处理完了但是没有回复 ack，就会导致 PEL 列表不断增长，如果有很多消费组的话，那么这个 PEL 占用的内存就会放大，如图 4-3 所示。

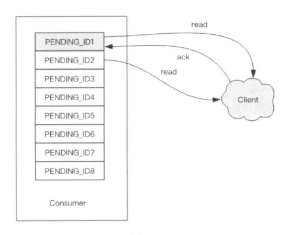

图 4-3

4.1.9　PEL 如何避免消息丢失

当客户端消费者读取 Stream 消息时，在 Redis 服务器将消息回复给客户端的过程中，如果客户端突然断开了连接，那么这个消息还没有被客户端收到就丢失了。不过没关系， PEL 里已经保存了发出去的消息 ID。待客户端重新连上之后，可以再次收到 PEL 中的消息 ID 列表。此时 xreadgroup 的起始消息 ID 必须是任意有效的消息 ID，一般将参数设为 0-0，表示读取所有的 PEL 消息以及自 last_delivered_id 之后的新消息。

4.1.10　Stream 的高可用

Stream 的高可用是建立在主从复制基础上的，它和其他数据结构的复制机制没有区别，也就是说在 Sentinel 和 Cluster 集群环境下，Stream 是可以支持高可用的。不过鉴于 Redis 的指令复制是异步的，在 failover 发生时，Redis 可能会丢失极小部分数据，这一点 Redis 的其他数据结构也是一样的。

4.1.11　分区 Partition

Redis 的服务器没有原生支持分区能力，如果想要使用分区，那就需要分配多个 Stream，然后在客户端使用一定的策略来生产消息到不同的 Stream。有人也许会认为 Kafka 要先进很多，它是原生支持 Partition 的。关于这一点，老钱并不认同。记得 Kafka 的客户端也存在 HashStrategy 吗，因为它也是通过客户端的 hash 算法来将不同的消息塞入不同分区的。

另外，虽然 Kafka 还支持动态增加分区数量的能力，但是这种调整能力也是很整脚的，它不会把之前已经存在的内容进行 rehash，不会对历史数据重新分区。这种简单的动态调整的能力，Redis Stream 通过增加新的 Stream 就可以做到。

4.1.12　小结

Stream 的消费模型借鉴了 Kafka 的消费分组的概念，弥补了 Redis PubSub 不能持久化消息的缺陷。Stream 又不同于 Kafka，Kafka 的消息可以分 Partition，而 Stream 不行。如果非要分 Parition 的话，得在客户端做，提供不同的 Stream 名称，对消息进行 hash 取模来选择往哪个 Stream 里塞。

如果读者稍微研究过 Redis 作者的另一个开源项目 Disque 的话，就能够理解，这极可能是作者意识到 Disque 项目的活跃程度不够，所以将 Disque 的内容移植到了 Redis 里面。当然，这只是老钱的猜测，未必是 Antirez 的初衷，仅供大家参考。

4.2　无所不知——Info 指令

在使用 Redis 时，时常会遇到很多问题需要诊断，在诊断之前需要了解 Redis 的运行状态，通过强大的 Info 指令，你可以清晰地知道 Redis 内部一系列运行参数。

Info 指令显示的信息繁多，分为 9 大块，每个块都有非常多的参数，这 9 大块如下。

1. Server：服务器运行的环境参数。

2. Clients：客户端相关信息。

3. Memory：服务器运行内存统计数据。

4. Persistence：持久化信息。

5. Stats：通用统计数据。

6. Replication：主从复制相关信息。

7. CPU：CPU 使用情况。

8. Cluster：集群信息。

9. KeySpace：键值对统计数量信息。

Info 可以一次性获取所有的信息，也可以按块获取信息。

```
# 获取所有信息
> info
# 获取内存相关信息
> info memory
# 获取主从复制相关信息
> info replication
```

考虑到参数繁多，逐一说明工作量巨大，所以下面老钱只挑一些关键性的、非常实用的和最常用的参数进行详细讲解。如果读者想要了解所有的参数细节，请参考 Redis 官网文档。

4.2.1　Redis 每秒执行多少次指令

这个信息在 Stats 块里，可以通过 info stats 看到。图 4-4 所示是 ops 的实时曲线图。

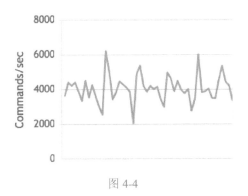

图 4-4

```
# ops_per_sec: operations per second, 也就是每秒操作数
> redis-cli info stats |grep ops
instantaneous_ops_per_sec:789
```

以上表示 ops 是 789，也就是所有客户端每秒会发送 789 条指令到服务器执行。在极限情况下，Redis 可以每秒执行 10 万次指令，CPU 几乎被完全榨干。如果 ops过高，可以考虑通过 monitor 指令快速观察一下究竟是哪些 key 被访问得比较频繁，

从而在相应的业务上进行优化，以减少 IO 次数。monitor 指令会瞬间吐出巨量的指令文本，所以一般在执行 monitor 后立即使用 ctrl+c 中断输出。

```
> redis-cli monitor
```

4.2.2 Redis 连接了多少客户端

这个信息在 Clients 块里，可以通过 info clients 看到。

```
> redis-cli info clients
# Clients
connected_clients:124   # 这个就是正在连接的客户端数量
client_longest_output_list:0
client_biggest_input_buf:0
blocked_clients:0
```

这个信息也是比较有用的，通过观察其数量可以确定是否存在意料之外的连接。如果发现数量不对劲，就可以使用 client list 指令列出所有的客户端链接地址来确定源头。

关于客户端的数量，还有一个重要的参数需要观察，那就是 rejected_connections，它表示因为超出最大连接数限制而被拒绝的客户端连接次数，如果这个数字很大，则意味着服务器的最大连接数设置得过低，需要调整 maxclients 参数。

```
> redis-cli info stats |grep reject
rejected_connections:0
```

4.2.3 Redis 内存占用多大

这个信息在 Memory 块里，可以通过 info memory 看到。图 4-5 所示是内存的实时曲线图，因为当前内存占用比较稳定没有波动，所以呈现出来的是一条直线。

图 4-5

```
> redis-cli info memory | grep used | grep human
used_memory_human:827.46K # 内存分配器（jemalloc）从操作系统分配的内存总量
used_memory_rss_human:3.61M  # 操作系统看到的内存占用，top 命令看到的内存
used_memory_peak_human:829.41K  # Redis 内存消耗的峰值
used_memory_lua_human:37.00K # lua 脚本引擎占用的内存大小
```

如果单个 Redis 内存占用过大，并且在业务上没有太多压缩的空间的话，可以考虑集群化了。

4.2.4　复制积压缓冲区多大

这个信息在 Replication 块里，可以通过 info replication 看到。

```
> redis-cli info replication |grep backlog
repl_backlog_active:0
repl_backlog_size:1048576   # 这个就是积压缓冲区大小
repl_backlog_first_byte_offset:0
repl_backlog_histlen:0
```

复制积压缓冲区大小非常重要，它严重影响主从复制的效率。当从节点因为网络原因临时断开了对主节点的复制，然后网络恢复且又重新连上的时候，这段断开的时间内发生在主节点上的修改操作指令都会被放在积压缓冲区中，这样从节点可以通过积压缓冲区恢复中断的主从同步过程。

积压缓冲区是环形的，后来的指令会覆盖掉前面的内容。如果从节点断开的时间过长，或者缓冲区的容量设置得太小，都会导致从节点无法快速恢复中断的主从同步过程，因为中间的修改指令被覆盖掉了。这时候从节点就会进入全量同步模式，非常耗费 CPU 和网络资源。

如果有多个从节点复制，积压缓冲区是共享的，它不会因为从节点过多而线性增长。如果实例的修改指令请求很频繁，那就把积压缓冲区调大一些，几十个 MB 大小差不多了；如果很闲，那就设置为几 MB 大小。

```
> redis-cli info stats | grep sync
sync_full:0
sync_partial_ok:0
sync_partial_err:0   # 半同步失败次数
```

通过查看 sync_partial_err 变量的次数来决定是否需要扩大积压缓冲区，它表示主从半同步复制失败的次数。

4.2.5　思考&作业

平时你们在使用 Redis 时还需要查看哪些重要的信息，能不能直接在 Info 信息里获取？

4.3　拾遗补漏——再谈分布式锁

在第 1.3 节"千帆竞发——分布式锁"中，老钱细致讲解了分布式锁的原理，它的使用非常简单，一条指令就可以完成加锁操作。不过在集群环境下，这种方式是有缺陷的，它不是绝对安全的。

如图 4-6 所示，在 Sentinel 集群中，当主节点挂掉时，从节点会取而代之，但客户端上却并没有明显感知。比如，原先第一个客户端在主节点中申请成功了一把锁，但是这把锁还没有来得及同步到从节点，主节点突然挂掉了，然后从节点变成了主节点，这个新的主节点内部没有这个锁，所以当另一个客户端过来请求加锁时，立即就批准了。这样就会导致系统中同样一把锁被两个客户端同时持有，不安全性由此产生。

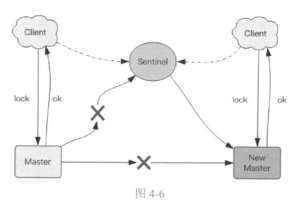

图 4-6

不过这种不安全也仅在主从发生 failover 的情况下才会产生，而且持续时间极短，业务系统多数情况下可以容忍。

4.3.1　Redlock 算法

为了解决这个问题，Antirez 发明了 Redlock 算法，它的流程比较复杂，不过已经有了很多开源的 library 做了良好的封装，用户可以拿来即用，比如 redlock-py。

```
import redlock
```

```
addrs = [{
    "host" : "localhost",
    "port" : 6379,
    "db" : 0
}, {
    "host": "localhost",
    "port": 6479,
    "db": 0
}, {
    "host": "localhost",
    "port": 6579,
    "db" : 0
}]
dlm = redlock.Redlock(addrs)
success = dlm.lock("user-lck-laoqian", 5000)
if success:
    print 'lock success'
    dlm.unlock('user-lck-laoqian')
else:
    print 'ock failed'
```

　　为了使用 Redlock，需要提供多个 Redis 实例，这些实例之间相互独立，没有主从关系。同很多分布式算法一样，Redlock 也使用"大多数机制"。

　　加锁时，它会向过半节点发送 set(key, value, nx=True, ex=xxx) 指令，只要过半节点 set 成功，就认为加锁成功。释放锁时，需要向所有节点发送 del 指令。不过 Redlock 算法还需要考虑出错重试、时钟漂移等很多细节问题，同时因为 Redlock 需要向多个节点进行读写，意味着其相比单实例 Redis 的性能会下降一些。

4.3.2　Redlock 使用场景

　　如果你很在乎高可用性，希望即使挂了一台 Redis 也完全不受影响，就应该考虑 Redlock。不过代价也是有的，需要更多的 Redis 实例，性能也下降了，代码上还需要引入额外的 library，运维上也需要特殊对待，这些都是需要考虑的成本，使用前请再三斟酌。

4.3.3　扩展阅读：redlock-py 的作者

　　如图 4-7 所示是 redlock-py 的作者头像，这是一位非常酷的老哥，名字叫 Paul

DeCoursey。他的 Github 地址是 https://github.com/optimuspaul 。

图 4-7

4.4 朝生暮死——过期策略

Redis 所有的数据结构都可以设置过期时间，时间一到，就会被自动删除。你可以想象 Redis 内部有一个死神，他时刻盯着所有设置了过期时间的 key，寿命一到就会立即收割。

你还可以进一步站在死神的角度思考，会不会因为同一时间太多的 key 过期，以至于忙不过来？同时因为 Redis 是单线程的，收割的时间也会占用线程的处理时间，如果收割的操作太过于繁忙，会不会导致线上读写指令出现卡顿？

这些问题 Antirez 早就想到了，所以在过期问题上，Redis 非常小心。

4.4.1 过期的 key 集合

Redis 会将每个设置了过期时间的 key 放入一个独立的字典中，以后会定时遍历这个字典来删除到期的 key。除了定时遍历之外，它还会使用惰性策略来删除过期的 key。所谓惰性策略就是在客户端访问这个 key 的时候，Redis 对 key 的过期时间进行检查，如果过期了就立即删除。如果说定时删除是集中处理，那么惰性删除就是零散处理。

4.4.2 定时扫描策略

Redis 默认每秒进行 10 次过期扫描，过期扫描不会遍历过期字典中所有的 key，而是采用了一种简单的贪心策略，步骤如下。

（1）从过期字典中随机选出 20 个 key。

（2）删除这 20 个 key 中已经过期的 key。

（3）如果过期的 key 的比例超过 1/4，那就重复步骤 （1）。

同时，为了保证过期扫描不会出现循环过度，导致线程卡死的现象，算法还增加了扫描时间的上限，默认不会超过 25ms。

假设一个大型的 Redis 实例中所有的 key 在同一时间过期了，会出现怎样的结果呢？

毫无疑问，Redis 会持续扫描过期字典（循环多次），直到过期字典中过期的 key 变得稀疏，才会停止（循环次数明显下降）。这就会导致线上读写请求出现明显的卡顿现象。导致这种卡顿的另外一种原因是内存管理器需要频繁回收内存页，这也会产生一定的 CPU 消耗。

当客户端请求到来时，服务器如果正好进入过期扫描状态，客户端的请求将会等待至少 25ms 后才会进行处理，如果客户端将超时时间设置得比较短，比如 10ms，那么就会出现大量的链接因为超时而关闭，业务端就会出现很多异常，而且这时你还无法从 Redis 的 slowlog 中看到慢查询记录，因为慢查询指的是逻辑处理过程慢，不包含等待时间。

所以业务开发人员一定要注意过期时间，如果有大批量的 key 过期，要给过期时间设置一个随机范围，而不能全部在同一时间过期。

```
# 在目标过期时间上增加一天的随机时间
redis.expire_at(key, random.randint(86400) + expire_ts)
```

在一些活动系统中，因为活动是一期一会，下一期活动举办时，前面几期活动的很多数据都可以丢弃了，所以需要给相关的活动数据设置一个过期时间，以减少不必要的 Redis 内存占用。如果不加注意，你可能会将过期时间设置为活动结束时间再增加一个常量的冗余时间，如果参与活动的人数太多，就会导致大量的 key 同时过期。

掌阅服务端在开发过程中就曾出现过多次因为大量 key 同时过期而导致的卡顿报警现象，通过将过期时间随机化总是能很好地解决这个问题，希望读者们今后能不犯这样的错误。

4.4.3 从节点的过期策略

从节点不会进行过期扫描，从节点对过期的处理是被动的。主节点在 key 到期时，会在 AOF 文件里增加一条 del 指令，同步到所有的从节点，从节点通过执行这条 del 指令来删除过期的 key。

因为指令同步是异步进行的，所以如果主节点过期的 key 的 del 指令没有及时同步到从节点的话，就会出现主从数据的不一致，主节点没有的数据在从节点里还存在，比如上一节的集群环境分布式锁的算法漏洞就是因为这个同步延迟产生的。

4.5　优胜劣汰——LRU

当 Redis 内存超出物理内存限制时，内存的数据会开始和磁盘产生频繁的交换（swap）。交换会让 Redis 的性能急剧下降，对于访问量比较大的 Redis 来说，这样龟速的存取效率基本上等于不可用。

在生产环境中我们是不允许 Redis 出现交换行为的，为了限制最大使用内存，Redis 提供了配置参数 maxmemory 来限制内存超出期望大小。

当实际内存超出 maxmemory 时，Redis 提供了几种可选策略（maxmemory-policy）来让用户自己决定该如何腾出新的空间以继续提供读写服务。

1．**noeviction**：不会继续服务写请求（del 请求可以继续服务），读请求可以继续进行。这样可以保证不会丢失数据，但是会让线上的业务不能持续进行。这是默认的淘汰策略。

2．**volatile-lru**：尝试淘汰设置了过期时间的 key，最少使用的 key 优先被淘汰。没有设置过期时间的 key 不会被淘汰，这样可以保证需要持久化的数据不会突然丢失。

3．**volatile-ttl**：跟上面几乎一样，不过淘汰的策略不是 LRU，而是比较 key 的剩余寿命 ttl 的值，ttl 越小越优先被淘汰。

4．**volatile-random**：跟上面几乎一样，不过淘汰的 key 是过期 key 集合中随机的 key。

5．**allkeys-lru**：区别于 volatile-lru，这个策略要淘汰的 key 对象是全体的 key 集合，而不只是过期的 key 集合。这意味着一些没有设置过期时间的 key 也会被淘汰。

6．**allkeys-random**：跟上面几乎一样，不过淘汰的 key 是随机的 key。

volatile-xxx 策略只会针对带过期时间的 key 进行淘汰，allkeys-xxx 策略会对所有的 key 进行淘汰。如果你只是拿 Redis 做缓存，那么应该使用 allkeys-xxx 策略，客户端写缓存时不必携带过期时间。如果你还想同时使用 Redis 的持久化功能，那就使用 volatile-xxx 策略，这样可以保留没有设置过期时间的 key，它们是永久的 key，不会被 LRU 算法淘汰。

4.5.1　LRU 算法

实现 LRU 算法除了需要 key/value 字典外，还需要附加一个链表，链表中的元素按照一定的顺序进行排列。当空间满的时候，会踢掉链表尾部的元素。当字典的某个元素被访问时，它在链表中的位置会被移动到表头，所以链表的元素排列顺序就是元素最近被访问的时间顺序。

位于链表尾部的元素就是不被重用的元素，所以会被踢掉。位于表头的元素就是最近刚刚被人用过的元素，所以暂时不会被踢。

下面我们使用 Python 的 OrderedDict（双向链表 + 字典）来实现一个简单的 LRU 算法。

```python
from collections import OrderedDict

class LRUDict(OrderedDict):

    def __init__(self, capacity):
        self.capacity = capacity
        self.items = OrderedDict()

    def __setitem__(self, key, value):
        old_value = self.items.get(key)
        if old_value is not None:
            self.items.pop(key)
            self.items[key] = value
        elif len(self.items) < self.capacity:
            self.items[key] = value
        else:
            self.items.popitem(last=True)
            self.items[key] = value

    def __getitem__(self, key):
        value = self.items.get(key)
        if value is not None:
            self.items.pop(key)
            self.items[key] = value
        return value

    def __repr__(self):
        return repr(self.items)
```

```
d = LRUDict(10)

for i in range(15):
    d[i] = i
print d
```

4.5.2　近似 LRU 算法

　　Redis 使用的是一种近似 LRU 算法，它跟 LRU 算法还不太一样。之所以不使用
LRU 算法，是因为其需要消耗大量的额外内存，需要对现有的数据结构进行较大的
改造。近似 LRU 算法很简单，在现有数据结构的基础上使用随机采样法来淘汰元素，
能达到和 LRU 算法非常近似的效果。Redis 为实现近似 LRU 算法，给每个 key 增加
了一个额外的小字段，这个字段的长度是 24 个 bit，也就是最后一次被访问的时间戳。

　　上一节提到处理 key 过期方式分为集中处理和懒惰处理，LRU 淘汰不一样，它
的处理方式只有懒惰处理。当 Redis 执行写操作时，发现内存超出 maxmemory，就
会执行一次 LRU 淘汰算法。这个算法也很简单，就是随机采样出 5（该数量可以设置）
个 key，然后淘汰掉最旧的 key，如果淘汰后内存还是超出 maxmemory，那就继续随
机采样淘汰，直到内存低于 maxmemory 为止。

　　如何采样要看 maxmemory-policy 的设置，如果是 allkeys，就从所有的 key 字典
中随机采样，如果是 volatile，就从带过期时间的 key 字典中随机采样。每次采样多
少个 key 取决于 maxmemory_samples 的设置，默认为 5。

　　图 4-8 所示是随机 LRU 算法和严格 LRU 算法的效果对比图。

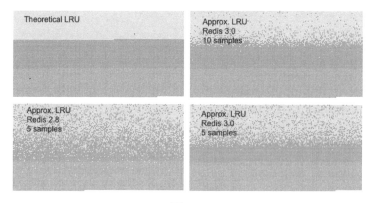

图 4-8

　　图中绿色部分是新加入的 key，深灰色部分是老旧的 key，浅灰色部分是通过 LRU 算法淘汰掉的 key。从图中可以看出采样数量越大，近似 LRU 算法的效果越接近严格 LRU 算法。同时 Redis 3.0 在算法中增加了淘汰池，进一步提升了近似 LRU 算法的效果。

　　淘汰池是一个数组，它的大小是 maxmemory_samples，在每一次淘汰循环中，新的随机得出的 key 列表会和淘汰池中的 key 列表进行融合，淘汰掉最旧的一个 key 之后，保留剩余较旧的 key 列表放入淘汰池中留待下一个循环。

4.5.3　思考＆作业

　　1．如果你是 Java 用户，试一试用 LinkedHashMap 实现一个 LRU 字典。

　　2．如果你是 Golang 用户，阅读一下 golang-lru 的源码。

4.6　平波缓进——懒惰删除

　　一直以来我们都知道 Redis 是单线程的，单线程为 Redis 带来了代码的简洁性和丰富多样的数据结构。不过 Redis 内部实际上并不是只有一个主线程，它还有几个异步线程专门用来处理一些耗时的操作。

4.6.1　Redis 为什么使用懒惰删除

　　删除指令 del 会直接释放对象的内存，大部分情况下，这个指令非常快，没有明显延迟。不过如果被删除的 key 是一个非常大的对象，比如一个包含了上千万个元素的 hash，那么删除操作就会导致单线程卡顿。

　　Redis 为了解决这个卡顿问题，在 4.0 版本里引入了 unlink 指令，它能对删除操作进行懒处理，丢给后台线程来异步回收内存。

```
> unlink key
OK
```

　　如果你有多线程的开发经验，肯定会担心这里的线程安全问题：会不会出现多个线程同时并发修改数据结构的情况存在？

　　关于这一点，老钱打个比方。可以将整个 Redis 内存里面所有有效的数据想象成一棵大树。当 unlink 指令发出时，它只是把大树中的一个树枝剪断了，然后扔到旁边的火堆（异步线程池）里焚烧。在树枝离开大树的一瞬间，它就再也无法被主线程中的其他指令访问到了，因为主线程只会沿着这棵大树来访问。

4.6.2 flush

Redis 提供了 flushdb 和 flushall 指令，用来清空数据库，这也是极其缓慢的操作。Redis 4.0 同样给这两个指令带来了异步化，在指令后面增加 async 参数就可以将整棵大树连根拔起，扔给后台线程慢慢 "焚烧"。

```
> flushall async
OK
```

4.6.3 异步队列

如图 4-9 所示，主线程将对象的引用从 "大树" 中摘除后，会将这个 key 的内存回收操作包装成一个任务，塞进异步任务队列，后台线程会从这个异步队列中取任务。任务队列被主线程和异步线程同时操作，所以必须是一个线程安全的队列。

图 4-9

不是所有的 unlink 操作都会延后处理，如果对应 key 所占用的内存很小，延后处理就没有必要了，这时候 Redis 会将对应 key 的内存立即回收，跟 del 指令一样。

4.6.4 AOF Sync 也很慢

Redis 需要每秒 1（该数量可设置）次同步 AOF 日志到磁盘，确保消息尽量不丢失，需要调用 sync 函数，这个操作比较耗时，会导致主线程的效率下降，所以 Redis 也将这个操作移到异步线程来完成。执行 AOF Sync 操作的线程是一个独立的异步线程，和前面的懒惰删除线程不是一个线程，同样它也有一个属于自己的任务队列，队列里只用来存放 AOF Sync 任务。

4.6.5 更多异步删除点

除了 del 指令和 flush 操作之外，Redis 在 key 的过期、LRU 淘汰、rename 指令

过程中，也会实施回收内存。此外，还有一种特殊的 flush 操作，其发生于正在进行全量同步的从节点中，在接受完整的 rdb 文件后，也需要将当前的内存一次性清空，以加载整个 rdb 文件的内容到内存。

Redis 4.0 为这些删除点也带来了异步删除机制，打开这些点需要额外的设置选项。

1．slave-lazy-flush：从节点接受完 rdb 文件后的 flush 操作。

2．lazyfree-lazy-eviction：内存达到 maxmemory 时进行淘汰。

3．lazyfree-lazy-expire key：过期删除。

4．lazyfree-lazy-server-del rename：指令删除 destKey。

4.7　妙手仁心——优雅地使用 Jedis

本节面向 Java 用户，主题是如何优雅地使用 Jedis 编写应用程序，既可以让代码看起来赏心悦目，又可以避免使用者犯错。

Jedis 是 Java 用户最常用的 Redis 开源客户端。它非常小巧，实现原理也很简单，最重要的是很稳定，而且使用的方法、参数名称和官方的文档非常 match，如果有什么方法不会用，直接参考官方的指令文档阅读一下就会了，省去了非必要的重复学习成本。不像有些客户端把方法名称都换了，虽然表面上给读者带来了便捷，但是需要挨个重新学习这些 API，提高了学习成本。

Java 程序一般都是多线程的应用程序，意味着我们很少直接使用 Jedis，而是要用到 Jedis 的连接池——JedisPool。同时因为 Jedis 对象不是线程安全的，当我们要使用 Jedis 对象时，需要从连接池中拿出一个 Jedis 对象独占，使用完毕后再将这个对象还给连接池。

用代码表示如下。

```java
import redis.clients.jedis.Jedis;
import redis.clients.jedis.JedisPool;

public class JedisTest {

  public static void main(String[] args) {
    JedisPool pool = new JedisPool();
    Jedis jedis = pool.getResource();  // 拿出 Jedis 链接对象
    doSomething(jedis);
    jedis.close();                     // 归还链接
```

```
  }

  private static void doSomething(Jedis jedis) {
    // code it here
  }

}
```

上面的代码有个问题，如果 doSomething 方法抛出了异常，从连接池中拿出来的 Jedis 对象将无法归还给连接池。如果这样的异常发生了好几次，连接池中的所有链接都被持久占用了，新的请求过来时就会阻塞等待空闲的链接，这样的阻塞一般会直接导致应用程序卡死。

为了避免这种情况发生，程序员需要在使用 JedisPool 里面的 Jedis 链接时，使用 try-with-resource 语句来保护 Jedis 对象。

```
import redis.clients.jedis.Jedis;
import redis.clients.jedis.JedisPool;

public class JedisTest {

  public static void main(String[] args) {
    JedisPool pool = new JedisPool();
    try (Jedis jedis = pool.getResource()) { // 用完自动 close
      doSomething(jedis);
    }
  }

  private static void doSomething(Jedis jedis) {
    // code it here
  }

}
```

这样 Jedis 对象肯定会被归还给连接池（死循环除外），避免应用程序卡死的惨剧发生。但是当一个团队规模较大的时候，并不是所有的程序员都富有经验，他们可能因为各种原因忘记了使用 try-with-resource 语句，惨剧就会突然冒出来让运维人员措手不及。

我们需要在代码上加上一层硬约束，通过这层约束，当程序员想要访问 Jedis 对象时，不会再出现使用了 Jedis 对象而不归还的情况。

```java
import redis.clients.jedis.Jedis;
import redis.clients.jedis.JedisPool;

interface CallWithJedis {
  public void call(Jedis jedis);
}

class RedisPool {

  private JedisPool pool;

  public RedisPool() {
    this.pool = new JedisPool();
  }

  public void execute(CallWithJedis caller) {
    try (Jedis jedis = pool.getResource()) {
      caller.call(jedis);
    }
  }

}

public class JedisTest {

  public static void main(String[] args) {
    RedisPool redis = new RedisPool();
    redis.execute(new CallWithJedis() {

      @Override
      public void call(Jedis jedis) {
        // do something with jedis
      }

    });
  }

}
```

　　我们通过一个特殊的自定义的 RedisPool 对象将 JedisPool 对象隐藏起来，避免程序员直接使用它的 getResource 方法而忘记了归还。程序员在使用 RedisPool 对象时需要提供一个回调类，才能使用 Jedis 对象。

　　但是每次访问 Redis 都需要写一个回调类，真的特别烦琐，代码也显得非常臃肿。

幸好 Java 8 带来了 Lambda 表达式，我们可以使用 Lambda 表达式简化上面的代码。

```java
public class JedisTest {

  public static void main(String[] args) {
    Redis redis = new Redis();
    redis.execute(jedis -> {
      // do something with jedis
    });
  }


}
```

这样看起来就简洁优雅多了。但是还有个问题，Java 不允许在闭包里修改闭包外面的变量。比如下面的代码，我们想从 Redis 里面拿到某个 zset 对象的长度，编译器会直接报错。

```java
public class JedisTest {

  public static void main(String[] args) {
    Redis redis = new Redis();
    long count = 0;
    redis.execute(jedis -> {
      count = jedis.zcard("codehole");  // 此处应该报错
    });
    System.out.println(count);
  }


}
```

编译器报错"Local variable count defined in an enclosing scope must be final or effectively final"，告诉我们 count 变量必须设置成 final 类型才可以让闭包来访问。

如果这时我们将 count 设置成 final 类型，结果编译器又报错，"The final local variable count cannot be assigned. It must be blank and not using a compound assignment."告诉我们 final 类型的变量在闭包里面不能被修改。

那该怎么办呢？

这里需要定义一个 Holder 类型，将需要修改的变量包装起来。

```java
class Holder<T> {
```

```
  private T value;

  public Holder() {
  }

  public Holder(T value) {
    this.value = value;
  }

  public void value(T value) {
    this.value = value;
  }

  public T value() {
    return value;
  }
}

public class JedisTest {

  public static void main(String[] args) {
    Redis redis = new Redis();
    Holder<Long> countHolder = new Holder<>();
    redis.execute(jedis -> {
      long count = jedis.zcard( "codehole" );
      countHolder.value(count);
    });
    System.out.println(countHolder.value());
  }

}
```

有了上面定义的 Holder 包装类，就可以绕过闭包对变量修改的限制。只不过代码上要多一层略显烦琐的变量包装过程。这些都是对程序员的硬约束，他们必须这么做才可以得到自己想要的数据。

4.7.1 重试

我们知道 Jedis 默认没有提供重试机制，意味着如果网络出现了抖动，就会大范围报错，或者一个后台应用因为过于空闲被服务端强制关闭了链接后，再重新发起新请求时第一个指令就会出错。Redis 的 Python 客户端 redis-py 提供了这种重试机制，redis-py 在遇到链接错误时会尝试进行重连，然后再重发指令。

那么如果我们希望在 Jedis 上面增加重试机制，该如何做呢？有了上面的
RedisPool 对象，重试就非常容易进行了。

```
class Redis {

  private JedisPool pool;

  public Redis() {
    this.pool = new JedisPool();
  }

  public void execute(CallWithJedis caller) {
    Jedis jedis = pool.getResource();
    try {
      caller.call(jedis);
    } catch (JedisConnectionException e) {
      caller.call(jedis);   // 重试一次
    } finally {
      jedis.close();
    }
  }

}
```

上面的代码我们只重试了一次，如有需要也可以重试多次，但是也不能无限次
重试，就好比人死不可复生，要节哀顺变。

4.7.2　思考&作业

困于精力，以上代码并没有做到非常细致，比如 Redis 的链接参数都没有提及，
连接池的大小以及超时参数等也没有设置，这些细节工作就作为本节的作业留给读
者们，自己动手完成一个完善的封装吧。

4.8　居安思危——保护 Redis

本节谈谈使用 Redis 需要注意的安全风险及防范措施，避免数据泄露和丢失、避
免所在主机权限被黑客窃取，以及避免人为操作失误。

4.8.1　指令安全

Redis 有一些非常危险的指令，这些指令会对 Redis 的稳定以及数据安全造成非

常严重的影响。比如 keys 指令会导致 Redis 卡顿，flushdb 和 flushall 会让 Redis 的所有数据全部清空。如何避免人为操作失误导致这些灾难性的后果也是运维人员特别需要注意的风险点之一。

Redis 在配置文件中提供了 rename-command 指令用于将某些危险的指令修改成特别的名称，用来避免人为误操作。比如在配置文件的 security 块中增加如下内容。

```
rename-command keys abckeysabc
```

如果还想执行 keys 方法，那就不能直接敲 keys 命令了，而需要键入 abckeysabc。如果想完全封杀某条指令，可以将该指令 rename 成空串，就无法通过任何字符串指令来执行这条指令了。

```
rename-command flushall ""
```

4.8.2　端口安全

Redis 默认会监听 6379 端口，如果当前的服务器主机有外网地址，Redis 的服务将会直接暴露在公网上，任何一个初级黑客使用适当的工具对 IP 地址进行端口扫描就可以探测出来。

Redis 的服务地址一旦可以被外网直接访问，内部的数据就彻底丧失了安全性。高级一点的黑客们可以通过 Redis 执行 Lua 脚本拿到服务器权限，恶意的竞争对手们甚至会直接清空你的 Redis 数据库。

```
bind 10.100.20.13
```

所以，运维人员务必在 Redis 的配置文件中指定监听的 IP 地址，避免这样的惨剧发生。更进一步，还可以增加 Redis 的密码访问限制，客户端必须使用 auth 指令，传入正确的密码才可以访问 Redis，这样即使地址暴露出去了，普通黑客也无法对 Redis 进行任何指令操作。

```
requirepass yoursecurepasswordhereplease
```

密码控制也会影响到从节点复制，从节点必须在配置文件里使用 masterauth 指令配置相应的密码才可以进行复制操作。

```
masterauth yoursecurepasswordhereplease
```

4.8.3　Lua 脚本安全

开发者必须禁止 Lua 脚本由用户输入的内容（UGC）生成，这可能会被黑客利用，通过植入恶意的攻击代码来得到 Redis 的主机权限。

同时，我们应该让 Redis 以普通用户的身份启动，这样即使存在恶意代码，黑客也无法拿到 root 权限。

4.8.4　SSL 代理

Redis 并不支持 SSL 链接，意味着客户端和服务器之间交互的数据不应该直接暴露在公网上传输，否则会有被窃听的风险。如果必须要用在公网上，可以考虑使用 SSL 代理。

SSL 代理比较常见的有 ssh，不过 Redis 官方推荐使用 spiped 工具，可能是因为 spiped 的功能相对比较单一，使用也比较简单，易于理解。图 4-10 所示是使用 spiped 对 ssh 通道进行二次加密（因为 ssh 通道也可能存在 bug）的示意图。

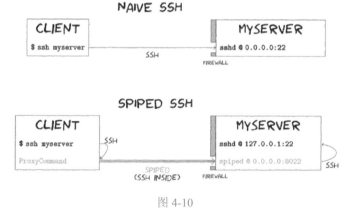

图 4-10

同样 SSL 代理也可以用在主从复制上，如果 Redis 主从实例需要跨机房复制，spiped 也可以派上用场。

4.8.5　小结

本节讲解了最基本的 Redis 安全防护思路，下一节我们来详细讲解 spiped 的原理和使用。

4.9　隔墙有耳——Redis 安全通信

　　想象这样一个应用场景，公司有两个机房。因为一个紧急需求，需要跨机房读取 Redis 数据。应用部署在 A 机房，存储部署在 B 机房。如果使用普通 tcp 直接访问，因为跨机房所以传输数据会暴露在公网上，这非常不安全，客户端服务器交互的数据存在被窃听的风险，如图 4-11 所示。

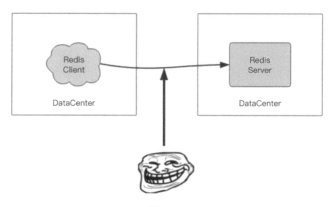

图 4-11

　　Redis 本身并不支持 SSL 安全链接，不过有了 SSL 代理软件，我们可以让通信数据得到加密，就好像 Redis 穿上了一层隐身外套一样，如图 4-12 所示。spiped 就是这样的一款 SSL 代理软件，它是 Redis 官方推荐的代理软件。

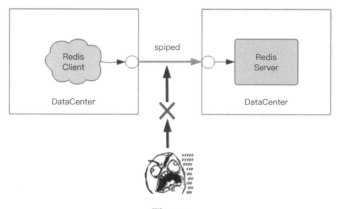

图 4-12

4.9.1 spiped 原理

让我们放大细节，仔细观察 spiped 实现原理。spiped 会在客户端和服务器各启动一个 spiped 进程。

如图 4-13 所示，左边的 spiped 进程负责接受来自 Redis Client 发送过来的请求数据，加密后传送到右边的 spiped 进程。右边的 spiped 进程将接收到的数据解密后传递到 Redis Server。然后 Redis Server 再走一个反向的流程将响应回复给 Redis Client。

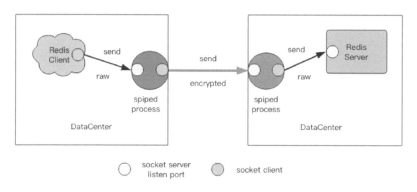

图 4-13

每一个 spiped 进程都会有一个监听端口（server socket）用来接收数据，同时还会作为一个客户端（socket client）将数据转发到目标地址。

spiped 进程需要成对出现，相互之间需要使用相同的共享密钥来加密消息。

4.9.2 spiped 使用入门

老钱用的是 Mac 来安装 spiped。

```
> brew install spiped
```

如果是 Linux，可以使用 apt-get 或者 yum 安装，如下。

```
> apt-get install spiped
> yum install spiped
```

（1）使用 Docker 启动 redis-server，注意要绑定本机的回环 127.0.0.1。

```
> docker run -d -p127.0.0.1:6379:6379 --name redis-server-6379
redis
```

```
12781661ec47faa8a8a967234365192f4da58070b791262afb8d9f64fce61835
> docker ps
CONTAINER  ID              IMAGE              COMMAND
CREATED                    STATUS             PORTS
NAMES
12781661ec47          redis              "docker-entrypoint.s…"
Less than a second ago    Up 1 second          127.0.0.1:6379->6379/
tcp    redis-server-6379
```

（2）生成随机的密钥文件。

```
# 随机的 32 个字节
> dd if=/dev/urandom bs=32 count=1 of=spiped.key
1+0 records in
1+0 records out
32 bytes transferred in 0.000079 secs (405492 bytes/sec)
> ls -l
rw-r--r--  1 qianwp  staff  32  7 24 18:13 spiped.key
```

（3）使用密钥文件启动服务器 spiped 进程，172.16.128.81 是我本机的公网 IP
地址。

```
# -d 表示 decrypt（对输入数据进行解密），-s 为源监听地址，-t 为转发目标地址
> spiped -d -s '[172.16.128.81]:6479'  -t '[127.0.0.1]:6379' -k
spiped.key
> ps -ef|grep spiped
501 30673      1    0   7:29 下午 ??            0:00.04 spiped -d -s
[172.16.128.81]:6479 -t [127.0.0.1]:6379 -k spiped.key
```

这个 spiped 进程监听公网 IP 的 6479 端口接收公网上的数据，将数据解密后转
发到本机回环地址的 6379 端口，也就是 redis-server 监听的端口。

（4）使用密钥文件启动客户端 spiped 进程，172.16.128.81 是我本机的公网 IP
地址。

```
# -e 表示 encrypt，对输入数据进行加密
> spiped -e -s '[127.0.0.1]:6579' -t '[172.16.128.81]:6479' -k
spiped.key
> ps -ef|grep spiped
501 30673      1    0   7:29 下午 ??            0:00.04 spiped -d -s
[172.16.128.81]:6479 -t [127.0.0.1]:6379 -k spiped.key
501 30696      1    0   7:30 下午 ??            0:00.03 spiped -e -s
[127.0.0.1]:6579 -t [172.16.128.81]:6479 -k spiped.key
```

客户端 spiped 进程监听了本地回环地址的 6579 端口，将该端口上收到的数据加密转发到服务器 spiped 进程。

（5）启动客户端链接，因为 Docker 里面的客户端不好访问宿主机的回环地址，所以我们使用 Python 代码来启动 Redis 的客户端。

```
>> import redis
>> c=redis.StrictRedis(host="localhost", port=6579)
>> c.ping()
>> c.info('cpu')
{'used_cpu_sys': 4.83,
 'used_cpu_sys_children': 0.0,
 'used_cpu_user': 0.93,
 'used_cpu_user_children': 0.0}
```

可以看出客户端和服务器已经通了，如果我们尝试直接链接服务器 spiped 进程（加密的端口 6379），看看会发生什么。

```
>>> import redis
>>> c=redis.StrictRedis(host="172.16.128.81", port=6479)
>>> c.ping()
Traceback (most recent call last):
  File "<stdin>", line 1, in <module>
  File "/Users/qianwp/source/animate/juejin-redis/.py/lib/
python2.7/site-packages/redis/client.py", line 777, in ping
    return self.execute_command( 'PING' )
  File "/Users/qianwp/source/animate/juejin-redis/.py/lib/
python2.7/site-packages/redis/client.py", line 674, in execute_
command
      return self.parse_response(connection, command_name,
**options)
  File "/Users/qianwp/source/animate/juejin-redis/.py/lib/
python2.7/site-packages/redis/client.py", line 680, in parse_
response
    response = connection.read_response()
  File "/Users/qianwp/source/animate/juejin-redis/.py/lib/
python2.7/site-packages/redis/connection.py", line 624, in read_
response
    response = self._parser.read_response()
  File "/Users/qianwp/source/animate/juejin-redis/.py/lib/
python2.7/site-packages/redis/connection.py", line 284, in read_
response
    response = self._buffer.readline()
```

```
  File "/Users/qianwp/source/animate/juejin-redis/.py/lib/
python2.7/site-packages/redis/connection.py", line 216, in
readline
    self._read_from_socket()
  File "/Users/qianwp/source/animate/juejin-redis/.py/lib/
python2.7/site-packages/redis/connection.py", line 191, in _read_
from_socket
    (e.args,))
redis.exceptions.ConnectionError: Error while reading from socket:
('Connection closed by server.',)
```

从输出中可以看出来请求是发送过去了，但是却出现了读超时，要么是服务器在默认的超时时间内没有返回数据，要么是服务器没有返回客户端想要的数据。

spiped 可以同时支持多个客户端链接的数据转发工作，还可以通过参数来限定允许的最大客户端连接数，但是对于服务器 spiped，它不能同时支持多个服务器之间的转发。这意味着在集群环境下，需要为每一个 server 节点启动一个 spiped 进程来代收消息。在运维实践上，这可能会比较烦琐。

4.9.3　思考&作业

请读者将 Redis 替换成 MySQL 来体验一下 spiped 的神奇魔力。

第5篇

源码篇

5.1 丝分缕析——探索"字符串"内部

Redis 中的字符串是可以修改的字符串，在内存中它是以字节数组的形式存在的。我们知道 C 语言里面的字符串标准形式是以 NULL（即 0x\0）作为结束符，但是在 Redis 里面，字符串不是这么表示的。因为要获取以 NULL 结尾的字符串的长度使用的是 strlen 标准库函数，这个函数的算法复杂度是 O(n)，它需要对字节数组进行遍历扫描，作为单线程的 Redis 表示承受不起。

Redis 的字符串叫着"SDS"，也就是 Simple Dynamic String。它的结构是一个带长度信息的字节数组。

```
struct SDS<T> {
  T capacity;              // 数组容量
  T len;                   // 数组长度
  byte flags;              // 特殊标志位，不用理睬它
  byte[] content;          // 数组内容
}
```

如代码所示，content 里面存储了真正的字符串内容，那么图 5-1 中 capacity 和 len 表示什么意思呢？其有点类似于 Java 语言的 ArrayList 结构，需要比实际的内容长度多分配一些冗余空间。capacity 表示所分配数组的长度，len 表示字符串的实际长度。前面老钱提到：字符串是可以修改的字符串，它要支持 append 操作。如果数组没有冗余空间，那么追加操作必然涉及分配新数组，然后将旧内容复制过来，再 append 新内容，如果字符串的长度非常长，内存的分配和复制开销就会非常大。

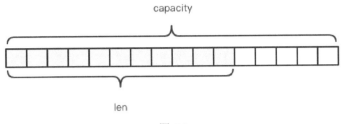

图 5-1

```
/* 追加 SDS 字符串 */
sds sdscatlen(sds s, const void *t, size_t len) {
    size_t curlen = sdslen(s);          // 原字符串长度

    // 按需调整空间，如果 capacity 不够容纳追加的内容，就会重新分配字节数组
并复制原字符串的内容到新数组中
    s = sdsMakeRoomFor(s,len);
    if (s == NULL) return NULL;         // 内存不足
    memcpy(s+curlen, t, len);           // 追加目标字符串的内容到字节数
组中
    sdssetlen(s, curlen+len);           // 设置追加后的长度值
    s[curlen+len] = '\0';               // 让字符串以 \0 结尾，便于调试
打印，还可以直接使用 glibc 的字符串函数进行操作
    return s;
}
```

　　上面的 SDS 结构使用了范型 T。为什么不直接用 int 呢？因为当字符串比较短时，len 和 capacity 可以使用 byte 和 short 来表示，Redis 为了对内存做极致的优化，不同长度的字符串使用不同的结构体来表示。

　　Redis 规定字符串的长度不得超过 512MB。创建字符串时 len 和 capacity 一样长，不会多分配冗余空间，这是因为绝大多数场景下，我们不会使用 append 操作来修改字符串。

5.1.1　embstr VS raw

　　Redis 的字符串有两种存储方式，在长度特别短时，使用 embstr 形式存储（embeded），而当长度超过 44 字节时，使用 raw 形式存储。

　　这两种类型有什么区别呢？为什么分界线是 44 字节呢？

```
> set codehole abcdefghijklmnopqrstuvwxyz012345678912345678
OK
> debug object codehole
```

```
Value at:0x7fec2de00370 refcount:1 encoding:embstr
serializedlength:45 lru:5958906 lru_seconds_idle:1
> set codehole abcdefghijklmnopqrstuvwxyz0123456789123456789
OK
> debug object codehole
Value at:0x7fec2dd0b750 refcount:1 encoding:raw serializedlength:46
lru:5958911 lru_seconds_idle:1
```

注意上面 debug object 输出中有个 encoding 字段，一个字符的差别，存储形式就发生了变化。这是为什么呢？

为了解释这种现象，我们首先来了解一下 Redis 对象头结构，所有的 Redis 对象都有下面的这个头结构。

```
struct RedisObject {
    int4 type;              // 4bits
    int4 encoding;          // 4bits
    int24 lru;              // 24bits
    int32 refcount;         // 4bytes
    void *ptr;              // 8bytes, 64-bit system
} robj;
```

不同的对象具有不同的类型 type（4bit）。同一个类型的 type 会有不同的存储形式 encoding（4bit）。为了记录对象的 LRU 信息，使用了 24 个 bit 来记录 LRU 信息。每个对象都有个引用计数，当引用计数为零时，对象就会被销毁，内存被回收。ptr 指针将指向对象内容（body）的具体存储位置。这样一个 RedisObject 对象头结构需要占据 16 字节的存储空间。

接着我们再看 SDS 结构体的大小，在字符串比较小时，SDS 对象头结构的大小是 capacity+3，至少是 3 字节。意味着分配一个字符串的最小空间占用为 19（即 16+3）字节。

```
struct SDS {
    int8 capacity;          // 1byte
    int8 len;               // 1byte
    int8 flags;             // 1byte
    byte[] content;         // 内联数组，长度为 capacity
}
```

如图 5-2 所示，embstr 存储形式是这样一种存储形式，它将 RedisObject 对象头结构和 SDS 对象连续存在一起，使用 malloc 方法一次分配，而 raw 存储形式不一样，它需要使用两次 malloc 方法，两个对象头在内存地址上一般是不连续的。

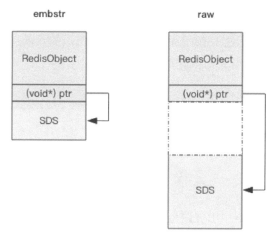

图 5-2

而内存分配器 jemalloc、tcmalloc 等分配内存大小的单位都是 2/4/8/16/32/64 字节等，为了能容纳一个完整的 embstr 对象，jemalloc 最少会分配 32 字节的空间，如果字符串再稍微长一点，那就是 64 字节的空间。如果字符串总体超出了 64 字节，Redis 认为它是一个大字符串，不再适合使用 emdstr 形式存储，而该使用 raw 形式。

当内存分配器分配了 64 字节空间时，那这个字符串的长度最大可以是多少呢？这个长度就是 44 字节。

那为什么是 44 字节呢？前面我们提到 SDS 结构体中的 content 中的字符串是以字节 NULL 结尾的字符串，之所以多出这样一个字节，是为了便于直接使用 glibc 的字符串处理函数，以及为了便于字符串的调试打印输出。

仔细看图 5-3 可以算出，留给 content 的长度最多只有 45（即 64-19）字节了。字符串又是以 NULL 结尾，所以 embstr 形式最大能容纳的字符串长度就是 44 字节。

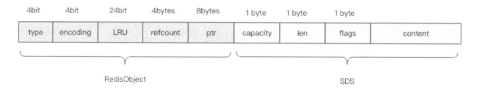

图 5-3

5.1.2 扩容策略

在字符串长度小于 1MB 之前，扩容空间采用加倍策略，也就是保留 100% 的冗余空间。当字符串长度超过 1MB 之后，为了避免加倍后的冗余空间过大而导致浪费，每次扩容只会多分配 1MB 大小的冗余空间。

5.1.3 思考&作业

什么场合下会用到字符串的 append 方法？

5.2 循序渐进——探索"字典"内部

字典是 Redis 服务器中出现最为频繁的复合型数据结构，除了 hash 结构的数据会用到字典（dict）外，整个 Redis 数据库的所有 key 和 value 也组成了一个全局字典，还有带过期时间的 key 集合也是一个字典。zset 集合中存储 value 和 score 值的映射关系也是通过字典结构实现的。

```
struct RedisDb {
    dict* dict;    // all keys  key=>value
    dict* expires; // all expired keys key=>long(timestamp)
    ...
}

struct zset {
    dict *dict;    // all values  value=>score
    zskiplist *zsl;
}
```

5.2.1 字典内部结构

如图 5-4 所示，字典结构内部包含两个 hashtable，通常情况下只有一个 hashtable 是有值的，但是在字典扩容缩容时，需要分配新的 hashtable，然后进行渐进式搬迁，这时候两个 hashtable 存储的分别是旧的 hashtable 和新的 hashtable。待搬迁结束后，旧的 hashtable 被删除，新的 hashtable 取而代之。

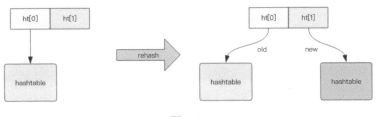

图 5-4

```
struct dict {
    ...
    dictht ht[2];
}
```

所以，字典数据结构的精华就落在了 hashtable 结构上了。hashtable 的结构和 Java 的 HashMap 几乎是一样的，都是通过分桶的方式解决 hash 冲突。第一维是数组，第二维是链表，如图 5-5 所示。数组中存储的是第二维链表的第一个元素的指针。

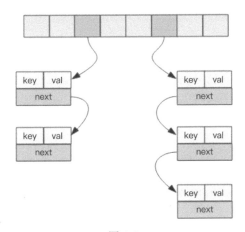

图 5-5

```
struct dictEntry {
    void* key;
    void* val;
    dictEntry* next;      // 链接下一个 entry
}
struct dictht {
    dictEntry** table;    // 二维
    long size;            // 第一维数组的长度
    long used;            // hash 表中的元素个数
```

```
    ...
}
```

5.2.2　渐进式 rehash

大字典的扩容是比较耗时间的，需要重新申请新的数组，然后将旧字典所有链表中的元素重新挂接到新的数组下面，这是一个 O(n) 级别的操作，作为单线程的 Redis 很难承受这样耗时的过程，所以 Redis 使用渐进式 rehash 小步搬迁。虽然慢一点，但是肯定可以搬完。

```c
dictEntry *dictAddRaw(dict *d, void *key, dictEntry **existing)
{
    long index;
    dictEntry *entry;
    dictht *ht;

    // 这里进行小步搬迁
    if (dictIsRehashing(d)) _dictRehashStep(d);

    /* Get the index of the new element, or -1 if
     * the element already exists. */
     if ((index = _dictKeyIndex(d, key, dictHashKey(d,key),
existing)) == -1)
        return NULL;

    /* Allocate the memory and store the new entry.
     * Insert the element in top, with the assumption that in a
database
     * system it is more likely that recently added entries are
accessed
     * more frequently. */
    // 如果字典处于搬迁过程中，要将新的元素挂接到新的数组下面
    ht = dictIsRehashing(d) ? &d->ht[1] : &d->ht[0];
    entry = zmalloc(sizeof(*entry));
    entry->next = ht->table[index];
    ht->table[index] = entry;
    ht->used++;

    /* Set the hash entry fields. */
    dictSetKey(d, entry, key);
    return entry;
}
```

　　搬迁操作埋伏在当前字典的后续指令中（来自客户端的 hset、hdel 等指令），但是有可能客户端闲下来了，却没有后续指令来触发这个搬迁，那么这时 Redis 就置之不理了吗？当然不会，优雅的 Redis 怎么可能设计得这么粗糙。Redis 还会在定时任务中对字典进行主动搬迁。

```
// 服务器定时任务
void databaseCron() {
    ...
    if (server.activerehashing) {
        for (j = 0; j < dbs_per_call; j++) {
            int work_done = incrementallyRehash(rehash_db);
            if (work_done) {
                    /* If the function did some work, stop here,
we'll do
                    * more at the next cron loop. */
                break;
            } else {
                /* If this db didn't need rehash, we'll try the
next one. */
                rehash_db++;
                rehash_db %= server.dbnum;
            }
        }
    }
}
```

5.2.3　查找过程

　　插入和删除操作都依赖于查找，必须先把元素找到，才可以进行数据结构的修改操作。hashtable 的元素是在第二维的链表上，所以我们首先要想办法定位出元素在哪个链表上。

```
func get(key) {
    let index = hash_func(key) % size;
    let entry = table[index];
    while(entry != NULL) {
        if entry.key == target {
            return entry.value;
        }
        entry = entry.next;
    }
}
```

值得注意的是代码中的 hash_func，它会将 key 映射为一个整数，不同的 key 会被映射成分布比较均匀散乱的整数。只有 hash 值均匀了，整个 hashtable 才是平衡的，所有的二维链表的长度就不会差距很远，查找算法的性能也就比较稳定。

5.2.4 hash 函数

hashtable 的性能好不好完全取决于 hash 函数的质量。如果 hash 函数可以将 key 打散得比较均匀，那么这个 hash 函数就是个好函数。Redis 的字典默认的 hash 函数是 siphash。siphash 算法即使在输入 key 很小的情况下，也可以产生随机性特别好的输出，而且它的性能也非常突出。对于 Redis 这样的单线程来说，字典数据结构非常普遍，字典操作也会非常频繁，hash 函数自然是越快越好。

5.2.5 hash 攻击

如果 hash 函数存在偏向性，黑客就可能利用这种偏向性对服务器进行攻击。存在偏向性的 hash 函数在特定模式下的输入会导致 hash 第二维链表长度极为不均匀，甚至所有的元素都集中到个别链表中，直接导致查找效率急剧下降，从 O(1) 退化到 O(n)，有限的服务器计算能力将会被 hashtable 的查找效率彻底拖垮。这就是所谓的 hash 攻击。

5.2.6 扩容条件

```
/* Expand the hash table if needed */
static int _dictExpandIfNeeded(dict *d)
{
    /* Incremental rehashing already in progress. Return. */
    if (dictIsRehashing(d)) return DICT_OK;

    /* If the hash table is empty expand it to the initial size. */
    if (d->ht[0].size == 0) return dictExpand(d, DICT_HT_INITIAL_
SIZE);

    /* If we reached the 1:1 ratio, and we are allowed to resize
the hash
     * table (global setting) or we should avoid it but the ratio
between
     * elements/buckets is over the "safe" threshold, we resize
doubling
     * the number of buckets. */
```

```
if (d->ht[0].used >= d->ht[0].size &&
    (dict_can_resize ||
     d->ht[0].used/d->ht[0].size > dict_force_resize_ratio))
{
    return dictExpand(d, d->ht[0].used*2);
}
return DICT_OK;
}
```

正常情况下，当 hash 表中元素的个数等于第一维数组的长度时，就会开始扩容，扩容的新数组是原数组大小的 2 倍。不过如果 Redis 正在做 bgsave，为了减少内存页的过多分离（Copy On Write），Redis 尽量不去扩容（dict_can_resize），但是如果 hash 表已经非常满了，元素的个数已经达到了第一维数组长度的 5 倍（dict_force_resize_ratio），说明 hash 表已经过于拥挤了，这个时候就会强制扩容。

5.2.7　缩容条件

```
int htNeedsResize(dict *dict) {
    long long size, used;

    size = dictSlots(dict);
    used = dictSize(dict);
    return (size > DICT_HT_INITIAL_SIZE &&
            (used*100/size < HASHTABLE_MIN_FILL));
}
```

当 hash 表因为元素逐渐被删除变得越来越稀疏时，Redis 会对 hash 表进行缩容来减少 hash 表的第一维数组空间占用。缩容的条件是元素个数低于数组长度的 10%。缩容不会考虑 Redis 是否正在做 bgsave。

5.2.8　set 的结构

Redis 里面 set 的结构底层实现也是字典，只不过所有的 value 都是 NULL，其他特性和字典一模一样。

5.2.9　思考 & 作业

1. 为什么缩容不用考虑 bgsave ？
2. Java 语言和 Python 语言内置的 set 容器是如何实现的？

5.3 挨肩迭背——探索"压缩列表"内部

Redis 为了节约内存空间使用，zset 和 hash 容器对象在元素个数较少的时候，采用压缩列表（ziplist）进行存储。压缩列表是一块连续的内存空间，元素之间紧挨着存储，没有任何冗余空隙。

```
> zadd programmings 1.0 go 2.0 python 3.0 java
(integer) 3
> debug object programmings
Value at:0x7fec2de00020 refcount:1 encoding:ziplist
serializedlength:36 lru:6022374 lru_seconds_idle:6
> hmset books go fast python slow java fast
OK
> debug object books
Value at:0x7fec2de000c0 refcount:1 encoding:ziplist
serializedlength:48 lru:6022478 lru_seconds_idle:1
```

这里，注意观察 debug object 输出的 encoding 字段都是 ziplist，这就表示内部采用压缩列表结构进行存储。图 5-6 所示是压缩列表的内部结构示意图。

```
struct ziplist<T> {
    int32 zlbytes;          // 整个压缩列表占用字节数
    int32 zltail_offset;    // 最后一个元素距离压缩列表起始位置的偏移量，用
于快速定位到最后一个节点
    int16 zllength;         // 元素个数
    T[] entries;            // 元素内容列表，依次紧凑存储
    int8 zlend;             // 标志压缩列表的结束，值恒为 0xFF
}
```

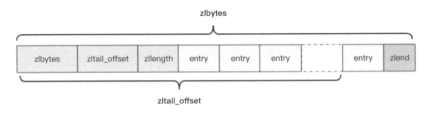

图 5-6

压缩列表为了支持双向遍历，所以才会有 ztail_offset 这个字段，用来快速定位到最后一个元素，然后倒着遍历。

entry 块随着容纳的元素类型不同，也会有不一样的结构。

```
struct entry {
    int<var> prevlen;           // 前一个 entry 的字节长度
    int<var> encoding;          // 元素类型编码
    optional byte[] content;    // 元素内容
}
```

如图 5-7 所示是压缩列表内部具体元素的结构示意图。它的 prevlen 字段表示前一个 entry 的字节长度，当压缩列表倒着遍历时，需要通过这个字段来快速定位到下一个元素的位置。它是一个变长的整数，当字符串长度小于 254（即 0xFE）时，使用一个字节表示；如果达到或超出 254 时，就使用 5 个字节来表示。第一个字节是 0xFE，剩余四个字节表示字符串长度。你可能会觉得，用 5 个字节来表示字符串长度是不是太浪费了，我们可以算一下，当字符串长度比较长的时候，其实 5 个字节也只占用了不到 2% 的空间。

```
len_size = 5    # 存储字符串长度占用字节数
str_size >= 254    # 存储字符串内容占用字节数
# 字符串长度存储占用的空间百分比
len_size_ratio = len_size/(len_size + str_size) <= 5/(5+254) =
1.93%
```

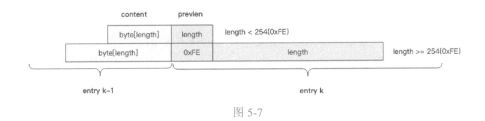

图 5-7

encoding 字段存储了元素内容的编码类型信息，ziplist 通过这个字段来决定后面的 content 的形式。

Redis 为了节约存储空间，对 encoding 字段进行了相当复杂的设计。Redis 通过这个字段的前缀位来识别具体存储的数据形式。下面我们来看看 Redis 是如何根据 encoding 的前缀位来区分内容的。

1. 00xxxxxx 是最大长度位数为 63 的短字符串，后面的 6 个位存储字符串的位数，剩余的字节就是字符串的内容。

2. .01xxxxxx xxxxxxxx 是中等长度的字符串，后面 14 个位来表示字符串的长度，剩余的字节就是字符串的内容。

3. 10000000 aaaaaaaa bbbbbbbb cccccccc dddddddd 是特大字符串，需要使用额外 4 个字节来表示长度。第一个字节前缀是 10，剩余 6 位没有使用，统一置为零。后面跟着字符串内容。不过这样的大字符串是没有机会使用的，压缩列表通常只是用来存储小数据的。

4. 11000000 表示 int16，后跟两个字节表示整数。

5. 11010000 表示 int32，后跟四个字节表示整数。

6. 11100000 表示 int64，后跟八个字节表示整数。

7. 11110000 表示 int24，后跟三个字节表示整数。

8. 11111110 表示 int8，后跟一个字节表示整数。

9. 11111111 表示 ziplist 的结束，也就是 zlend 的值 0xFF。

10. 1111xxxx 表示极小整数，xxxx 的范围只能是（0001~1101），也就是 1~13，因为 0000、1110、1111 都被占用了。读取到的 value 需要将 xxxx 减 1，也就是说整数 0~12 就是最终的 value。

注意 content 字段在结构体中定义为 optional 类型，表示这个字段是可选的，对于很小的整数而言，它的内容已经内联到 encoding 字段的尾部了。

5.3.1 增加元素

因为 ziplist 都是紧凑存储，没有冗余空间（对比一下 Redis 的字符串结构），意味着插入一个新的元素就需要调用 realloc 扩展内存。取决于内存分配器算法和当前的 ziplist 内存大小，realloc 可能会重新分配新的内存空间，并将之前的内容一次性拷贝到新的地址，也有可能在原有的地址上进行扩展，这时就不需要进行旧内容的内存拷贝。

如果 ziplist 占据内存太大，重新分配内存和拷贝内存就会有很大的消耗，所以 ziplist 不适合存储大型字符串，存储的元素也不宜过多。

5.3.2 级联更新

```
/* 压缩列表级联更新 */
unsigned char *__ziplistCascadeUpdate(unsigned char *zl, unsigned
char *p) {
    size_t curlen = intrev32ifbe(ZIPLIST_BYTES(zl)), rawlen,
rawlensize;
    size_t offset, noffset, extra;
    unsigned char *np;
```

```
    zlentry cur, next;

    while (p[0] != ZIP_END) {
        zipEntry(p, &cur);
        rawlen = cur.headersize + cur.len;
        rawlensize = zipStorePrevEntryLength(NULL,rawlen);

        /* Abort if there is no next entry. */
        if (p[rawlen] == ZIP_END) break;
        zipEntry(p+rawlen, &next);

        /* Abort when "prevlen" has not changed. */
        // prevlen 的长度没有变, 中断级联更新
        if (next.prevrawlen == rawlen) break;

        if (next.prevrawlensize < rawlensize) {
            /* The "prevlen" field of "next" needs more bytes to
hold
             * the raw length of "cur". */
            // 级联扩展
            offset = p-zl;
            extra = rawlensize-next.prevrawlensize;
            // 扩大内存
            zl = ziplistResize(zl,curlen+extra);
            p = zl+offset;

            /* Current pointer and offset for next element. */
            np = p+rawlen;
            noffset = np-zl;

            /* Update tail offset when next element is not the
tail element. */
            // 更新 zltail_offset 指针
            if ((zl+intrev32ifbe(ZIPLIST_TAIL_OFFSET(zl))) != np) {
                ZIPLIST_TAIL_OFFSET(zl) =
                            intrev32ifbe(intrev32ifbe(ZIPLIST_TAIL_
OFFSET(zl))+extra);
            }

            /* Move the tail to the back. */
            // 移动内存
            memmove(np+rawlensize,
                np+next.prevrawlensize,
                curlen-noffset-next.prevrawlensize-1);
            zipStorePrevEntryLength(np,rawlen);
```

```
            /* Advance the cursor */
            p += rawlen;
            curlen += extra;
        } else {
            if (next.prevrawlensize > rawlensize) {
                /* This would result in shrinking, which we want
to avoid.
                 * So, set "rawlen" in the available bytes. */
                // 级联收缩，不过这里可以不用收缩了，因为 5 个字节也是可以
存储 1 个字节的内容的
                // 虽然有点浪费，但是级联更新实在是太可怕了，所以浪费就浪费
吧
                zipStorePrevEntryLengthLarge(p+rawlen,rawlen);
            } else {
                // 大小没变，改个长度值就完事了
                zipStorePrevEntryLength(p+rawlen,rawlen);
            }

            /* Stop here, as the raw length of "next" has not
changed. */
            break;
        }
    }
    return zl;
}
```

前面提到每个 entry 都会有一个 prevlen 字段存储前一个 entry 的长度。如果内容小于 254 字节，prevlen 就用 1 字节存储，否则就用 5 字节存储。这意味着如果某个 entry 经过了修改操作从 253 字节变成了 254 字节，那么它的下一个 entry 的 prevlen 字段就要更新，从 1 个字节扩展到 5 个字节；如果后面这个 entry 的长度本来也是 253 字节，那么再后面 entry 的 prevlen 字段还得继续更新。

如果 ziplist 里面的每个 entry 恰好都存储了 253 字节的内容，那么第一个 entry 内容的修改就会导致后续所有 entry 的级联更新，这就是一个比较耗费计算资源的操作。

删除中间的某个节点也可能会导致级联更新，读者可以思考一下为什么？

5.3.3　intset 小整数集合

当 set 集合容纳的元素都是整数并且元素个数较少时，Redis 会使用 intset 来存储集合元素。intset 是紧凑的数组结构，同时支持 16 位、32 位和 64 位整数。

```
struct intset<T> {
    int32 encoding;        // 决定整数位宽是 16 位、32 位还是 64 位
    int32 length;          // 元素个数
    int<T> contents;       // 整数数组，可以是 16 位、32 位和 64 位
}
```

图 5-8 所示是 intset 的内部结构示意图。老钱也不理解为什么 intset 的 encoding 字段和 length 字段使用 32 位整数存储，毕竟它们只是用来存储小整数的，长度不应该很长，而且 encoding 只有 16 位、32 位和 64 位三个类型，用一个字节存储就绰绰有余。关于这点，读者们可以进一步讨论。

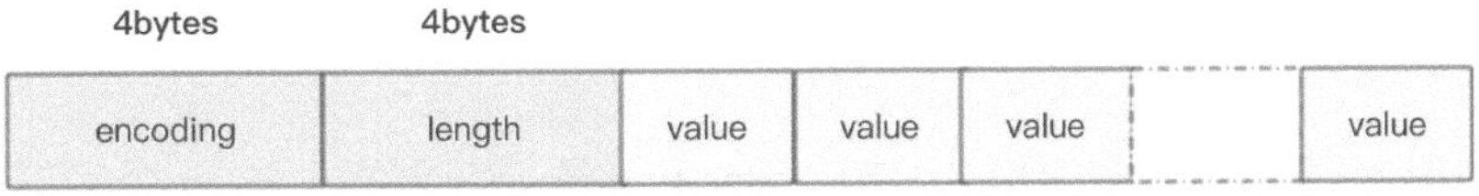

图 5-8

```
> sadd codehole 1 2 3
(integer) 3
> debug object codehole
Value at:0x7fec2dc2bde0 refcount:1 encoding:intset
serializedlength:15 lru:6065795 lru_seconds_idle:4
> sadd codehole go java python
(integer) 3
> debug object codehole
Value at:0x7fec2dc2bde0 refcount:1 encoding:hashtable
serializedlength:22 lru:6065810 lru_seconds_idle:5
```

注意观察 debug object 的输出字段 encoding 的值，可以发现当 set 里面放进去了非整数值时，存储形式立即从 intset 转变成了 hash 结构。

5.3.4　思考&作业

1. 为什么 set 集合在数量很小的时候不使用 ziplist 来存储？
2. 执行 rpush codehole 1 2 3 命令后，请写出列表内容的 16 进制形式。

5.4　风驰电掣——探索"快速列表"内部

Redis 早期版本存储 list 列表数据结构使用的是压缩列表 ziplist 和普通的双向链

表 linkedlist，也就是说当元素少时用 ziplist，当元素多时用 linkedlist。

```
// 链表的节点
struct listNode<T> {
    listNode* prev;
    listNode* next;
    T value;
}
// 链表
struct list {
    listNode *head;
    listNode *tail;
    long length;
}
```

考虑到链表的附加空间相对太高，prev 和 next 指针就要占去 16 个字节（64 位操作系统的指针占 8 个字节），另外每个节点的内存都是单独分配，会加剧内存的碎片化，影响内存管理效率。后来的 Redis 新版本对列表数据结构进行了改造，使用 quicklist 代替了 ziplist 和 linkedlist。

```
> rpush codehole go java python
(integer) 3
> debug object codehole
Value at:0x7fec2dc2bde0 refcount:1 encoding:quicklist
serializedlength:31 lru:6101643 lru_seconds_idle:5 ql_nodes:1 ql_
avg_node:3.00 ql_ziplist_max:-2 ql_compressed:0 ql_uncompressed_
size:29
```

注意观察上面输出字段 encoding 的值。quicklist 是 ziplist 和 linkedlist 的混合体，它将 linkedlist 按段切分，每一段使用 ziplist 让存储紧凑，多个 ziplist 之间使用双向指针串接起来，如图 5-9 所示。

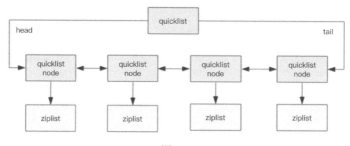

图 5-9

```
struct ziplist {
    ...
}
struct ziplist_compressed {
    int32 size;
    byte[] compressed_data;
}
struct quicklistNode {
    quicklistNode* prev;
    quicklistNode* next;
    ziplist* zl;              // 指向压缩列表
    int32 size;              // ziplist 的字节总数
    int16 count;             // ziplist 中的元素数量
    int2 encoding;           // 存储形式 2bit，原生字节数组还是 LZF 压缩存储
    ...
}
struct quicklist {
    quicklistNode* head;
    quicklistNode* tail;
    long count;              // 元素总数
    int nodes;              // ziplist 节点的个数
    int compressDepth;      // LZF 算法压缩深度
    ...
}
```

上述代码简单地表示了 quicklist 的大致结构。为了进一步节约空间，Redis 还会对 ziplist 进行压缩存储，使用 LZF 算法压缩，可以选择压缩深度。

5.4.1　每个 ziplist 存多少元素

quicklist 内部默认单个 ziplist 长度为 8KB，超出了这个字节数，就会另起一个 ziplist。ziplist 的长度由配置参数 list-max-ziplist-size 决定。

```
# Lists are also encoded in a special way to save a lot of space.
# The number of entries allowed per internal list node can be
specified
# as a fixed maximum size or a maximum number of elements.
# For a fixed maximum size, use -5 through -1, meaning:
# -5: max size: 64 Kb  <-- not recommended for normal workloads
# -4: max size: 32 Kb  <-- not recommended
# -3: max size: 16 Kb  <-- probably not recommended
# -2: max size: 8 Kb   <-- good
# -1: max size: 4 Kb   <-- good
# Positive numbers mean store up to _exactly_ that number of
```

```
elements
# per list node.
# The highest performing option is usually -2 (8 Kb size) or -1 (4
Kb size),
# but if your use case is unique, adjust the settings as
necessary.
list-max-ziplist-size -2
```

5.4.2 压缩深度

quicklist 默认的压缩深度是 0，也就是不压缩。压缩的实际深度由配置参数 list-compress-depth 决定。为了支持快速的 push/pop 操作，quicklist 的首尾两个 ziplist 不压缩，此时压缩深度就是 1。如果压缩深度为 2，就表示 quicklist 的首尾第一个 ziplist 以及首尾第二个 ziplist 都不压缩。如图 5-10 所示的情况，压缩深度是 1。

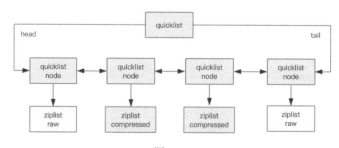

图 5-10

5.5 凌波微步——探索"跳跃列表"内部

Redis 的 zset 是一个复合结构，如图 5-11 所示，一方面它需要一个 hash 结构来存储 value 和 score 的对应关系，另一方面需要提供按照 score 排序的功能，还需要能够指定 score 的范围来获取 value 列表的功能，这就需要另外一个结构"跳跃列表"。

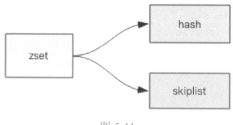

图 5-11

zset 的内部实现是一个 hash 字典加一个跳跃列表（skiplist）。hash 结构在讲字典结构时已经详细分析过了，它很像 Java 语言中的 HashMap 结构。本节我们来讲跳跃列表，它比较复杂，读者要有心理准备。

5.5.1　基本结构

图 5-12 所示就是跳跃列表的示意图，图中只画了四层。Redis 的跳跃列表共有 64 层，容纳 2^{64} 个元素应该不成问题。每一个 kv（key / value）块对应的结构如下面的代码中的 zslnode 结构，kv header 也是这个结构，只不过 value 字段是 NULL 值——无效的，score 是 Double.MIN_VALUE，用来垫底的。kv 之间使用指针串起来形成了双向链表结构，它们是有序排列的，从小到大。不同的 kv 层高可能不一样，层数越高的 kv 越少。同一层的 kv 会使用指针串起来。每一个层元素的遍历都是从 kv header 出发。

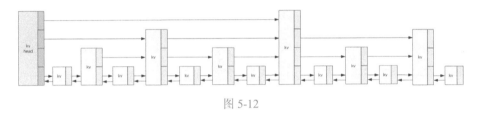

图 5-12

```
struct zslnode {
  string value;
  double score;
  zslnode*[] forwards;      // 多层连接指针
  zslnode* backward;        // 回溯指针
}

struct zsl {
  zslnode* header;          // 跳跃列表头指针
  int maxLevel;             // 跳跃列表当前的最高层
  map<string, zslnode*> ht; // hash 结构的所有键值对
}
```

5.5.2　查找过程

设想如果跳跃列表只有一层会怎样？插入、删除操作需要定位到相应的位置节点（定位到最后一个比"我"小的元素，也就是第一个比"我"大的元素的前一个），

定位的效率肯定比较差，复杂度将会是 O(n)，因为需要挨个遍历。也许你会想到二分查找，但是二分查找的结构只能是有序数组。跳跃列表有了多层结构之后，这个定位的算法复杂度将会降到 O(lg(n))。

如图 5-13 所示，我们要定位到那个紫色的 kv，需要从 header 的最高层开始遍历找到第一个节点（最后一个比"我"小的元素），然后从这个节点开始降一层再遍历找到第二个节点（最后一个比"我"小的元素），然后一直降到最底层进行遍历就找到了期望的节点（最底层的最后一个比我"小"的元素）。

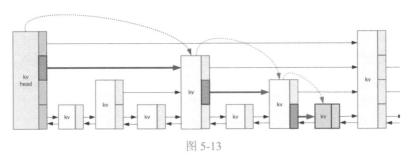

图 5-13

我们将中间经过的一系列节点称之为"搜索路径"，它是从最高层一直到最底层的每一层最后一个比"我"小的元素节点列表。

有了这个搜索路径，我们就可以插入这个新节点了。不过这个插入过程也不是特别简单。因为新插入的节点到底有多少层，得有个算法来分配一下，跳跃列表使用的是随机算法。

5.5.3　随机层数

对于每一个新插入的节点，都需要调用一个随机算法给它分配一个合理的层数。直观上期望的目标是 50% 的概率被分配到 Level1，25% 的概率被分配到 Level2，12.5% 的概率被分配到 Level3，以此类推，2^{-63} 的概率被分配到最顶层，因为这里每一层的晋升率是 50%。

```
// 新节点随机层数
int zslRandomLevel(void) {
    int level = 1;
    while ((random()&0xFFFF) < (ZSKIPLIST_P * 0xFFFF))
        level += 1;
      return (level<ZSKIPLIST_MAXLEVEL) ? level : ZSKIPLIST_
MAXLEVEL;
}
```

不过 Redis 标准源码中的晋升率只有 **25%**，也就是代码中的 ZSKIPLIST_P 的值。所以官方的跳跃列表更加的扁平化，层高相对较低，在单个层上需要遍历的节点数量会稍多一点。

也正是因为层数一般不高，所以遍历的时候从顶层开始往下遍历会非常浪费。跳跃列表会记录一下当前的最高层数 maxLevel，遍历时从这个 maxLevel 开始遍历，性能就会提高很多。

5.5.4　插入过程

下面是插入过程的源码，它稍微有点长，不过整体的脉络还是比较清晰的。

```
// 跳跃列表插入节点
zskiplistNode *zslInsert(zskiplist *zsl, double score, sds ele) {
    // 存储搜索路径
    zskiplistNode *update[ZSKIPLIST_MAXLEVEL], *x;
    // 存储经过的节点跨度
    unsigned int rank[ZSKIPLIST_MAXLEVEL];
    int i, level;

    serverAssert(!isnan(score));
    x = zsl->header;
    // 逐步降级寻找目标节点，得到"搜索路径"
    for (i = zsl->level-1; i >= 0; i--) {
        /* store rank that is crossed to reach the insert position
*/
        rank[i] = i == (zsl->level-1) ? 0 : rank[i+1];
        // 如果 score 相等，还需要比较 value
        while (x->level[i].forward &&
                (x->level[i].forward->score < score ||
                    (x->level[i].forward->score == score &&
                        sdscmp(x->level[i].forward->ele,ele) < 0)))
        {
            rank[i] += x->level[i].span;
            x = x->level[i].forward;
        }
        update[i] = x;
    }
    // 正式进入插入过程
    level = zslRandomLevel();
    // 填充跨度
    if (level > zsl->level) {
        for (i = zsl->level; i < level; i++) {
```

```
            rank[i] = 0;
            update[i] = zsl->header;
            update[i]->level[i].span = zsl->length;
        }
        // 更新跳跃列表的层高
        zsl->level = level;
    }
    // 创建新节点
    x = zslCreateNode(level,score,ele);
    // 重排一下前向指针
    for (i = 0; i < level; i++) {
        x->level[i].forward = update[i]->level[i].forward;
        update[i]->level[i].forward = x;

        /* update span covered by update[i] as x is inserted here
*/
        x->level[i].span = update[i]->level[i].span - (rank[0] -
rank[i]);
        update[i]->level[i].span = (rank[0] - rank[i]) + 1;
    }

    /* increment span for untouched levels */
    for (i = level; i < zsl->level; i++) {
        update[i]->level[i].span++;
    }
    // 重排一下后向指针
    x->backward = (update[0] == zsl->header) ? NULL : update[0];
    if (x->level[0].forward)
        x->level[0].forward->backward = x;
    else
        zsl->tail = x;
    zsl->length++;
    return x;
}
```

首先我们在搜索合适插入点的过程中将"搜索路径"找出来，然后就可以开始
创建新节点。创建的时候需要给这个节点随机分配一个层数，再将搜索路径上的节
点和这个新节点通过前向后向指针串起来。如果分配的新节点的高度高于当前跳跃
列表的最大高度，就需要更新一下跳跃列表的最大高度。

5.5.5 删除过程

删除过程和插入过程类似，都需先把这个"搜索路径"找出来，然后对于每个

层的相关节点重排一下前向后向指针，同时还要注意更新一下最高层数 maxLevel。

5.5.6　更新过程

当我们调用 zadd 方法时，如果对应的 value 不存在，那就是插入过程。如果这个value 已经存在了，只是调整一下 score 的值，那就需要走一个更新流程。假设这个新的 score 值不会带来排序上的改变，那么就不需要调整位置，直接修改元素的 score 值就可以了。但是如果排序位置改变了，那就要调整位置。那么该如何调整位置呢？

```
/* Remove and re-insert when score changes. */
    if (score != curscore) {
        zskiplistNode *node;
        serverAssert(zslDelete(zs->zsl,curscore,ele,&node));
        znode = zslInsert(zs->zsl,score,node->ele);
        /* We reused the node->ele SDS string, free the node now
        * since zslInsert created a new one. */
        node->ele = NULL;
        zslFreeNode(node);
        /* Note that we did not removed the original element from
        * the hash table representing the sorted set, so we just
        * update the score. */
        dictGetVal(de) = &znode->score; /* Update score ptr. */
        *flags |= ZADD_UPDATED;
        }
    return 1;
```

一个简单的策略就是先删除这个元素，再插入这个元素，需要经过两次路径搜索。Redis 就是这么干的。不过 Redis 遇到 score 值改变了的情况就直接删除后再插入，不会去判断位置是否需要调整，从这点上看，Redis 的 zadd 的代码似乎还有优化空间。关于这一点，读者们可以继续讨论。

5.5.7　如果 score 值都一样呢

在一个极端的情况下，zset 中所有的 score 值都是一样的，zset 的查找性能会退化为 O(n) 么？Redis 作者自然考虑到了这一点，所以 zset 的排序元素不只看 score 值，如果 score 值相同还需要再比较 value 值（字符串比较）。

5.5.8　元素排名是怎么算出来的

前面老钱讲了一大堆，但是有一个重要的属性没有提到，那就是 zset 可以获取元素的排名 rank。

那么这个 rank 是如何算出来的呢？如果仅仅使用上面的结构，rank 是不能算出来的。Redis 在 skiplist 的 forward 指针上进行了优化，给每一个 forward 指针都增加了 span 属性，span 是"跨度"的意思，表示从当前层的当前节点沿着 forward 指针跳到下一个节点中间会跳过多少个节点。Redis 在插入、删除操作时会小心翼翼地更新 span 值的大小。

```
struct zslforward {
  zslnode* item;
  long span;                // 跨度
}

struct zslnode {
  String value;
  double score;
  zslforward*[] forwards; // 多层连接指针
  zslnode* backward;      // 回溯指针
}
```

这样当我们要计算一个元素的排名时，只需要将"搜索路径"经过的所有节点的跨度 span 值进行叠加就可以算出元素的最终 rank 值。

5.5.9 思考&作业

当 score 值的变化微小，不会带来位置上的调整时，是不是可以直接修改 score 后就返回？请读者们对这个问题进行讨论。

5.5.10 题外话

老钱于 2018 年 7 月 28 日向 Redis 的 Github Repo 提交了个小优化建议《maybe an optimizable point for zadd operation》，5 天后，Redis 的作者 Antirez 接受了这个建议，对 skiplist 的代码做了小修改并 merge 到了 master。

Antirez 向老钱表达了感谢，作为小学生的老钱表示很激动。Antirez 告诉老钱这个小优化在某些应用场景下可以为 zset 带来 10% 以上性能的提升。图 5-14 所示是 Antirez 的回复截图。

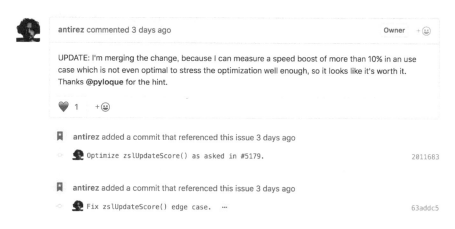

图 5-14

5.6 破旧立新——探索"紧凑列表"内部

Redis 5.0 版本又引入了一个新的数据结构 listpack，它是对 ziplist 结构的改进版，在存储空间上会更加节省，而且结构上也比 ziplist 更精简。listpack 的整体形式和 ziplist 还是比较接近的，如果你认真阅读了 ziplist 的内部结构分析，那么对于 listpack 也是比较容易理解的。

```
struct listpack<T> {
    int32 total_bytes;      // 占用的总字节数
    int16 size;             // 元素个数
    T[] entries;            // 紧凑排列的元素列表
    int8 end;               // 同 zlend 一样，恒为 0xFF
}
```

图 5-15 所示是紧凑列表的内部结构示意图。

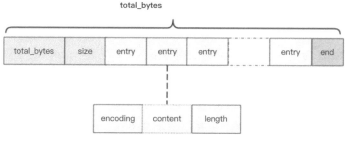

图 5-15

首先 listpack 跟 ziplist 的结构几乎一模一样，只是少了一个 zltail_offset 字段。ziplist 通过这个字段来定位出最后一个元素的位置，用于逆序遍历，不过 listpack 可以通过其他方式来定位出最后一个元素的位置，所以 zltail_offset 字段就被省掉了。

```
struct lpentry {
    int<var> encoding;
    optional byte[] content;
    int<var> length;
}
```

listpack 的元素结构和 ziplist 的元素结构也很类似，都是包含三个字段，稍有不同的是，前者的长度字段放在了元素的尾部，而且存储的不是上一个元素的长度，是当前元素的长度。正是因为长度放在了尾部，所以可以省去了用于标记最后一个元素位置的 zltail_offset 字段，最后一个元素的位置可以通过 total_bytes 字段和最后一个元素的长度字段计算出来。

listpack 的长度字段使用 varint 进行编码。不同于 skiplist 元素长度的编码只能是 1 个字节或者 5 个字节，listpack 元素长度的编码可以是 1 ~ 5 个字节中的任一长度。同 UTF8 编码一样，它通过字节的最高位是否为 1 来决定编码的长度，如图 5-16 所示。

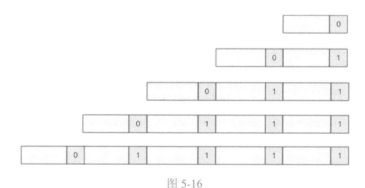

图 5-16

同样，Redis 为了让 listpack 元素支持很多类型，它对 encoding 字段也进行了较为复杂的设计。

1. 0xxxxxxx 表示非负小整数，可以表示 0~127。

2. 10xxxxxx 表示小字符串，长度范围是 0~63，content 字段为字符串的内容。

3. 110xxxxx yyyyyyyy 表示有符号整数，范围是 -2048~2047。

4．1110xxxx yyyyyyyy 表示中等长度的字符串，长度范围是 0~4095，content 字段为字符串的内容。

5．11110000 aaaaaaaa bbbbbbbb cccccccc dddddddd 表示大字符串，四个字节表示长度，content 字段为字符串内容。

6．11110001 aaaaaaaa bbbbbbbb 表示 2 字节有符号整数。

7．11110010 aaaaaaaa bbbbbbbb cccccccc 表示 3 字节有符号整数。

8．11110011 aaaaaaaa bbbbbbbb cccccccc dddddddd 表示 4 字节有符号整数。

9．11110011 aaaaaaaa …… hhhhhhhh 表示 8 字节有符号整数。

10．11111111 表示 listpack 的结束符号，也就是 0xFF。

5.6.1　级联更新

listpack 的设计彻底消灭了 ziplist 存在的级联更新行为，元素与元素之间完全独立，不会因为一个元素的长度变长就导致后续的元素内容受到影响。

5.6.2　取代 ziplist 尚需时日

listpack 的设计目的是用来取代 ziplist，不过当下还没有做好替换 ziplist 的准备，因为仍有很多兼容性的问题需要考虑。ziplist 在 Redis 数据结构中使用得太广泛了，替换起来复杂度会非常高。listpack 目前只使用在新增加的 Stream 数据结构中。

5.6.3　思考＆作业

为什么 listpack 比 ziplist 更加优秀？

5.7　金枝玉叶——探索"基数树"内部

rax 是 Redis 内部比较特殊的一个数据结构，它是一个有序字典树（基数树 Radix Tree），按照 key 的字典序排列，支持快速地定位、插入和删除操作。Redis 五大基础数据结构里面，能作为字典使用的有 hash 和 zset。hash 不具备排序功能，zset 则是按照 score 进行排序的。rax 跟 zset 的不同在于它是按照 key 进行排序的。Redis 作者认为 rax 的结构非常易于理解，但是实现却相当复杂，需要考虑很多的边界条件，需要处理节点的分裂、合并，一不小心就会出错。如图 5-17 呈现了 Redis 基础数据结构之间的演化关系。

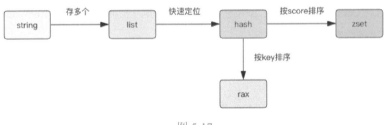

图 5-17

5.7.1 应用

你可以将一本英语字典看成一棵 Radix Tree，如图 5-18 所示，它所有的单词都是按照字典序进行排列，每个词汇都会附带一个解释，这个解释就是 key 对应的 value。有了这棵树，你就可以快速地检索单词，还可以查询以某个前缀开头的单词有哪些。

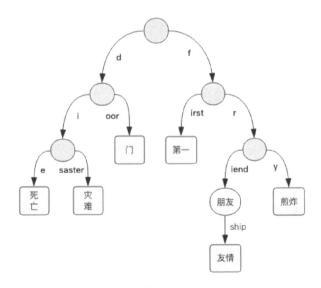

图 5-18

你也可以将公安局的居民档案信息看成一棵 Radix Tree，它的 key 是每个人的身份证号，value 是这个人的履历。因为身份证号的编码的前缀是按照地区进行一级一级划分的，这点和单词非常类似。有了这棵树，你就可以快速地定位出某个居民的档案，还可以快速查询出某个小片区都有哪些人。

Radix tree 还可以用于时间序列应用，key 为时间戳，value 为发生在具体时间的事件内容。因为时间戳的编码也是按照"年、月、日、时、分、秒、毫秒、微秒、纳秒"

进行一级一级编排的，所以它也可以使用字典序来排序。有了这棵数，我们就可以快速定位出某个具体时间发生了什么事，也可以查询出一段时间内都有哪些事发生。

　　我们经常使用的 Web 服务器的 Router 也是一棵 Radix Tree。如图 5-19 所示，这棵树上挂满了 URL 规则，每个 URL 规则上都会附上一个请求处理器。当一个请求到来时，我们拿这个请求的 URL 沿着树进行遍历，找到相应的请求处理器来处理。因为 URL 中可能存在正则 pattern，而且同一层的节点对顺序没有要求，所以它不算是一棵严格的 Radix Tree。

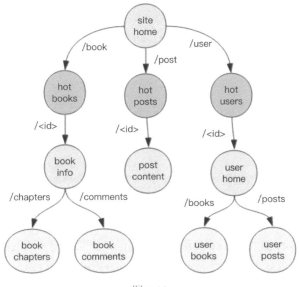

图 5-19

```
# golang 的 HttpRouter 库
The router relies on a tree structure which makes heavy use of
*common prefixes*
it is basically a *compact* [*prefix tree*](https://en.wikipedia.
org/wiki/Trie)
(or just [*Radix tree*](https://en.wikipedia.org/wiki/Radix_
tree)).
Nodes with a common prefix also share a common parent.
Here is a short example what the routing tree for the `GET`
request method could look like:

Priority    Path            Handle
9           \               *<1>
```

```
3              ├─s               nil
2              | ├─earch\        *<2>
1              | └─upport\       *<3>
2              ├─blog\           *<4>
1              |     └─:post     nil
1              |         └─\     *<5>
2              ├─about-us\       *<6>
1              |         └─team\ *<7>
1              └─contact\        *<8>
```

rax 被用在 Redis Stream 结构里面用于存储消息队列，在 Stream 里面消息 ID 的前缀是"时间戳 + 序号"，这样的消息可以理解为时间序列消息。使用 rax 结构进行存储就可以快速地根据消息 ID 定位到具体的消息，然后继续遍历指定消息之后的所有消息。

rax 在 Redis Cluster 中被用来记录槽位和 key 的对应关系，这个对应关系的变量名称叫 slots_to_keys。这个 raxNode 的 key 是由槽位编号 hashslot 和 key 组合而成的。我们知道 Cluster 的槽位数量是 16384，它需要 2 个字节来表示，所以 rax 节点里存的 key 就是 2 个字节的 hashslot 和对象 key 拼接起来的字符串，如图 5-20 所示。

hashslot[8:16]	hashslot[0:8]	key

图 5-20

因为 rax 的 key 是按照 key 前缀顺序挂接的，意味着同样的 hashslot 的对象 key 将会挂在同一个 raxNode 下面。这样我们就可以快速遍历具体某个槽位下面的所有对象 key。

5.7.2 结构

rax 中有非常多的节点，分为根节点、叶子节点和中间节点三种。有些中间节点带有 value，有些中间节点则纯粹是结构性需要，没有对应的 value。

```
struct raxNode {
    int<1> isKey;        // 是否有 key，没有 key 的是根节点
    int<1> isNull;       // 没有对应的 value，是无意义的中间节点
    int<1> isCompressed; // 是否压缩存储，这个压缩的概念比较特别
    int<29> size;        // 叶子节点的数量或者是压缩字符串的长度
(isCompressed)
    byte[] data;         // 路由键、叶子节点指针、value 都在这里
}
```

rax 是一棵比较特殊的 Radix Tree，它在结构上不是标准的 Radix Tree。如果一个中间节点有多个叶子节点，那么路由键就只是一个字符；如果只有一个叶子节点，那么路由键就是一个字符串。后者就是所谓的"压缩"形式——多个字符压在一起的字符串，比如前面的那棵字典树在 rax 算法中将呈现出图 5-21 所示结构。图中的深蓝色节点就是"压缩"节点。

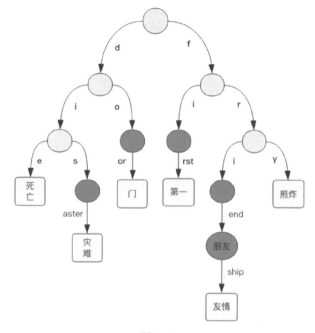

图 5-21

接下来我们再细看 raxNode.data 里面存储的到底是什么东西。它是一个比较复杂的结构，按照压缩与否分为两种。

压缩结构：如果叶子节点只有一个，就是压缩结构，data 字段伪代码如下所示。

```
struct data {
    optional struct {            // 取决于 header 的 size 字段是否为零
        byte[] childKey;         // 路由键
        raxNode* childNode;      // 子节点指针
    } child;
    optional string value;       // 取决于 header 的 isNull 字段
}
```

如图 5-22 所示，是压缩节点的结构示意图。

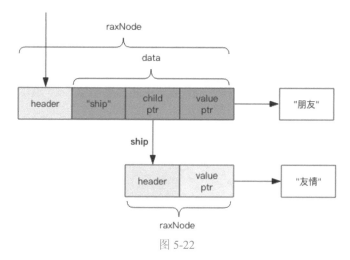

图 5-22

如果是叶子节点，child 字段就不存在。如果是无意义的中间节点（isNull），那么 value 字段就不存在。

非压缩节点：如果叶子节点有多个，那就不是压缩结构，存在多个路由键，一个键是一个字符。

```
struct data {
    byte[] childKeys;          // 路由键字符列表
    raxNode*[] childNodes;     // 多个叶子节点指针
    optional string value;     // 取决于 header 的 isNull 字段
}
```

如图 5-23 所示，是非压缩节点的结构示意图。

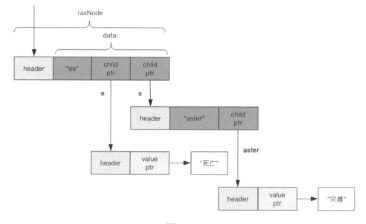

图 5-23

也许你会想到，如果叶子节点只有一个，并且路由键字符串的长度为 1 呢，那到底算压缩还是非压缩？仔细思考一下，在这种情况下，压缩和非压缩在数据结构表现形式上是一样的，不管 isCompressed 是 0 还是 1，结构都是一样的。

5.7.3　思考＆作业

还有哪些场合可以使用 Radix Tree？

5.8　精益求精——LFU VS LRU

在第 4.5 节 "优胜劣汰——LRU" 中，我们讲到了 Redis 的 LRU 模式，它可以有效地控制 Redis 占用内存的大小，将冷数据从内存中淘汰出去。Antirez 在 Redis 4.0 里引入了一个新的淘汰策略——LFU 模式，老钱认为它比 LRU 更加优秀。

LFU 的全称是 Least Frequently Used，表示按最近的访问频率进行淘汰，它比 LRU 更加精准地表示了一个 key 被访问的热度。

如果一个 key 长时间不被访问，只是刚刚偶然被用户访问了一下，那么在 LRU 算法下，它是不容易被淘汰的，因为 LRU 算法认为这个 key 是很 "热" 的。而 LFU 算法需要追踪最近一段时间的访问频率，如果某个 key 只是偶然被访问一次是不足以变得很 "热" 的，它需要在近一段时间内被访问很多次才有机会被 LFU 算法认为很 "热"。

5.8.1　Redis 对象的热度

Redis 的所有对象头结构中都有一个 24bit 的字段，这个字段用来记录对象的热度。

```
// Redis 的对象头结构
typedef struct redisObject {
    unsigned type:4;        // 对象类型如 zset、set、hash 等
    unsigned encoding:4;    // 对象编码如 ziplist、intset、skiplist 等
    unsigned lru:24;        // 对象的热度
    int refcount;           // 引用计数
    void *ptr;              // 对象的 body
} robj;
```

5.8.2　LRU 模式

在 LRU 模式下，lru 字段存储的是 Redis 时钟 server.lruclock。Redis 时钟是一个

24bit 的整数，默认是 Unix 时间戳对 2^{24} 取模的结果，大约 97 天清零一次。当某个 key 被访问一次，它的对象头结构的 lru 字段值就会被更新为 server.lruclock。

默认 Redis 时钟值每毫秒更新一次，在定时任务 serverCron 里主动设置。Redis 的很多定时任务都是在 serverCron 里面完成的，比如大型 hash 表的渐进式迁移，过期 key 的主动淘汰，触发 bgsave、bgaofrewrite 等。

如果 server.lruclock 没有折返（对 2^{24} 取模），它就是一直递增的，这意味着对象的 lru 字段不会超过 server.lruclock 的值。如果超过了，说明 server.lruclock 折返了。通过这个逻辑就可以精准计算出对象多长时间没有被访问——即"对象的空闲时间"。图 5-24 呈现了折返前后空闲时间的不同计算规则。

图 5-24

```
        // 计算对象的空闲时间，也就是没有被访问的时间，返回结果是毫秒
unsigned long long estimateObjectIdleTime(robj *o) {
    unsigned long long lruclock = LRU_CLOCK();
        // 获取 Redis 时钟，也就是 server.lruclock 的值
    if (lruclock >= o->lru) {
        // 正常递增
        return (lruclock - o->lru) * LRU_CLOCK_RESOLUTION;
        // LRU_CLOCK_RESOLUTION 默认是 1000
    } else {
        // 折返了
        return (lruclock + (LRU_CLOCK_MAX - o->lru)) *
        // LRU_CLOCK_MAX 是 2^24-1
                LRU_CLOCK_RESOLUTION;
    }
}
```

有了对象的空闲时间，就可以相互之间进行比较谁新谁旧，随机 LRU 算法靠的就是比较对象的空闲时间来决定谁该被淘汰了。

5.8.3 LFU 模式

在 LFU 模式下，lru 字段 24bit 用来存储两个值，分别是 ldt（last decrement

time）和 logc（logistic counter），如图 5-25 所示。

16bit	8bit
last decrement time	logistic counter

图 5-25

logc 是 8 个 bit，用来存储访问频次，因为 8 个 bit 能表示的最大整数值为 255，存储频次肯定远远不够，所以这 8 个 bit 存储的是频次的对数值，并且这个值还会随时间衰减，如果它的值比较小，那么就很容易被回收。为了确保新创建的对象不被回收，新对象的这 8 个 bit 会被初始化为一个大于零的值 LFU_INIT_VAL（默认是 =5）。

ldt 是 16 个 bit，用来存储上一次 logc 的更新时间。因为只有 16 个 bit，所以精度不可能很高。它取的是分钟时间戳对 2^{16} 进行取模，大约每隔 45 天就会折返。图 5-26 呈现了折返前后空闲时间的不同计算规则。同 LRU 模式一样，我们也可以使用这个逻辑计算出对象的空闲时间，只不过精度是分钟级别的。图中的 server.unixtime 是当前 Redis 记录的系统时间戳，和 server.lruclock 一样，它也是每毫秒更新一次。

图 5-26

```
// nowInMinutes
// server.unixtime 为 Redis 缓存的系统时间戳
unsigned long LFUGetTimeInMinutes(void) {
    return (server.unixtime/60) & 65535;
}

// idle_in_minutes
unsigned long LFUTimeElapsed(unsigned long ldt) {
    unsigned long now = LFUGetTimeInMinutes();
    if (now >= ldt) return now-ldt;      // 正常比较
    return 65535-ldt+now;                // 折返比较
}
```

ldt 的值和 LRU 模式的 lru 字段不一样的地方是，ldt 不是在对象被访问时更新的，而是在 Redis 的淘汰逻辑进行时进行更新，淘汰逻辑只会在内存达到 maxmemory 的设置时才会触发，在每一个指令的执行之前都会触发。每次淘汰都是采用随机策略，随机挑选若干个 key，更新这个 key 的"热度"，淘汰掉"热度"最低的 key。因为 Redis 采用的是随机算法，如果 key 比较多的话，那么 ldt 更新得可能会比较慢。不过既然它是分钟级别的精度，也没有必要更新得过于频繁。

ldt 更新的同时也会一同衰减 logc 的值。衰减也有特定的算法，它将现有的 logc 值减去对象的空闲时间（分钟数）再除以一个衰减系数 lfu_decay_time（默认为 1）。如果 lfu_decay_time 的值大于 1，那么就会衰减得比较慢，如果它等于零，那就表示不衰减，lfu-decay-time 可以进行设置。

```
// 衰减 logc
unsigned long LFUDecrAndReturn(robj *o) {
    unsigned long ldt = o->lru >> 8; // 前 16bit
    unsigned long counter = o->lru & 255; // 后 8bit 为 logc
    // num_periods 为即将衰减的数量
      unsigned long num_periods = server.lfu_decay_time ?
LFUTimeElapsed(ldt) / server.lfu_decay_time : 0;
    if (num_periods)
        counter = (num_periods > counter) ? 0 : counter - num_
periods;
    return counter;
}
```

logc 的更新和 LRU 模式的 lru 字段一样，都会在 key 每次被访问的时候更新，只不过它的更新不是简单的"+1"，而是采用概率法进行递增，因为 logc 存储的是访问计数的对数值，不能直接"+1"。

```
/* Logarithmically increment a counter. The greater is the current
counter value
 * the less likely is that it gets really implemented. Saturate it
at 255. */
// 对数递增计数值
uint8_t LFULogIncr(uint8_t counter) {
    if (counter == 255) return 255;          // 到最大值了，不能再增加了
    double baseval = counter - LFU_INIT_VAL; // 减去新对象初始化的基
数值 (LFU_INIT_VAL 默认是 5)
    // baseval 如果小于零，说明这个对象快不行了，不过本次 incr 将会延长它的
寿命
```

```
    if (baseval < 0) baseval = 0;
    // 当前计数越大，想要 "+1" 就越困难
    // lfu_log_factor 为困难系数，默认是 10
    // 当 baseval 特别大时，最大是 (255-5)，p 值会非常小，很难会走到
counter++ 这一步
    // p 就是 counter 通往 "+1" 权力的门缝，baseval 越大，这个门缝越窄，通
过就越艰难
    double p = 1.0/(baseval*server.lfu_log_factor+1);
    // 开始随机看看能不能从门缝挤进去
    double r = (double)rand()/RAND_MAX; // 0 < r < 1
    if (r < p) counter++;
    return counter;
}
```

5.8.4　为什么 Redis 要缓存系统时间戳

我们平时使用系统时间戳时，常常是不假思索地使用 System.currentTimeInMillis 或者 time.time() 来获取系统的毫秒时间戳。Redis 不能这样，因为每一次获取系统时间戳都是一次系统调用，系统调用相对来说是比较费时间的，作为单线程的 Redis 承受不起，所以它需要对时间进行缓存，获取时间都是从缓存中直接拿。

5.8.5　Redis 为什么在获取 lruclock 时使用原子操作

我们知道 Redis 是单线程的，那为什么 lruclock 要使用原子操作 atomicGet 来获取呢？

```
unsigned int LRU_CLOCK(void) {
    unsigned int lruclock;
    if (1000/server.hz <= LRU_CLOCK_RESOLUTION) {
        // 原子操作通常会走这里，我们只需要注意这里
        atomicGet(server.lruclock,lruclock);
    } else {
        // 直接通过系统调用获取时间戳，hz 配置得太低 (一般不会这么干)，
lruclock 更新不及时，需要实时获取系统时间戳
        lruclock = getLRUClock();
    }
    return lruclock;
}
```

因为 Redis 实际上并不是单线程，它背后还有几个异步线程也在默默工作，这几个线程也要访问 Redis 时钟，所以 lruclock 字段是需要支持多线程读写的。使用 atomic 读写能保证多线程 lruclock 数据的一致性。

5.8.6　如何打开 LFU 模式

Redis 4.0 给淘汰策略配置参数 maxmemory-policy 增加了 2 个选项，分别是 volatile-lfu 和 allkeys-lfu，分别是对带过期时间的 key 执行 LFU 淘汰算法以及对所有的 key 执行 LFU 淘汰算法。打开了选项之后，就可以使用 object freq 指令获取对象的 LFU 计数值了。

```
> config set maxmemory-policy allkeys-lfu
OK
> set codehole yeahyeahyeah
OK
// 获取计数值，初始化为 LFU_INIT_VAL=5
> object freq codehole
(integer) 5
// 访问一次
> get codehole
"yeahyeahyeah"
// 计数值增加了
> object freq codehole
(integer) 6
```

5.8.7　思考&作业

1. 你能尝试使用 Python 或者 Java 写一个简单的 LFU 算法吗？

2. 如果一开始使用了 LRU 模式，突然改变配置变成了 LFU 模式，想象一下 Redis 对象头结构的 lru 字段值，会对现有的对象产生什么影响？

5.9　如履薄冰——懒惰删除的巨大牺牲

前面老钱讲了 Redis 懒惰删除的特性，它是使用异步线程对已删除的节点进行内存回收。但老钱讲得还不够深入，所以本节要对异步线程逻辑处理的细节进行分析，看看 Antirez 是如何实现异步线程处理的。

异步线程在 Redis 内部有一个特别的名称，就是 "BIO"，全称是 Background IO，意思是在背后默默干活的 IO 线程。不过内存回收本身并不是什么 IO 操作，只是 CPU 的计算消耗可能会比较大而已。

5.9.1　懒惰删除的最初实现不是异步线程

Antirez 实现懒惰删除时，他并不是一开始就想到异步线程。他最初的尝试是在主线程里，使用类似于字典渐进式搬迁的方式来实现渐进式删除回收。比如对于一个非常大的字典来说，懒惰删除是采用类似于 scan 操作的方法，通过遍历第一维数组来逐步删除回收第二维链表的内容，等到所有链表都回收完了，再一次性回收第一维数组。这样也可以达到删除大对象时不阻塞主线程的效果。

但是说起来容易做起来却很难。渐进式回收需要仔细控制回收频率，它不能回收得太猛，这会导致 CPU 资源占用过多，也不能回收得像蜗牛那么慢，因为内存回收不及时可能导致内存消耗持续增长。

Antirez 需要采用合适的自适应算法来控制回收频率。他首先想到的是通过检测内存增长的趋势是增长 "+1" 还是下降 "–1"，来渐进式调整回收频率系数，这样的自适应算法实现也很简单，但是测试后发现在服务繁忙的时候，QPS 会下降到正常情况下 65% 的水平，这点非常致命。

所以 Antirez 才使用了如今的方案——异步线程。异步线程这套方案就简单多了，释放内存不用为每种数据结构适配一套渐进式释放策略，也不用搞个自适应算法来仔细控制回收频率，只是将对象从全局字典中摘掉，然后往队列里一扔，主线程就干别的去了。异步线程从队列里取出对象，直接走正常的同步释放逻辑就可以了。

不过使用异步线程也是有代价的，主线程和异步线程之间在内存回收器（jemalloc）的使用上存在竞争。这点竞争消耗是可以忽略不计的，因为 Redis 的主线程在内存的分配与回收上花的时间相对整体运算时间而言是极少的。

5.9.2　异步线程方案其实也相当复杂

上文老钱刚说异步线程方案很简单，为什么在这里又说它相当复杂呢？因为有一点，老钱之前没有提到，这点非常可怕，严重阻碍了异步线程方案的改造，这就是 Redis 的内部对象有共享机制。

比如集合的并集操作 sunionstore 用来将多个集合合并成一个新集合。

```
> sadd src1 value1 value2 value3
(integer) 3
> sadd src2 value3 value4 value5
(integer) 3
> sunionstore dest src1 src2
```

```
(integer) 5
> smembers dest
1) "value2"
2) "value3"
3) "value1"
4) "value4"
5) "value5"
```

我们看到新的集合包含了旧集合的所有元素，但是这里有一个我们没看到的 trick，那就是底层的字符串对象被共享了，如图 5-27 所示。

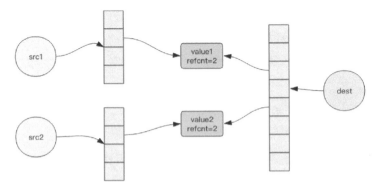

图 5-27

为什么对象共享是懒惰删除的巨大障碍呢？因为懒惰删除相当于彻底砍掉某个树枝，将它扔到异步删除队列里去。注意这里必须是彻底删除，不能藕断丝连。如果底层对象是共享的，那就做不到彻底删除。如图 5-28 所示的删除就不是彻底删除。

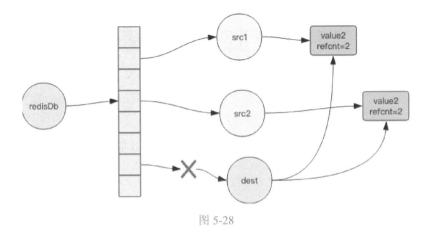

图 5-28

所以 Antirez 为了支持懒惰删除，将对象共享机制彻底抛弃。他将这种对象结构称为 "share-nothing"，也就是无共享设计。但是甩掉对象共享谈何容易！这种对象共享机制散落在源代码的各个角落，牵一发而动全身，改起来犹如在布满地雷的道路上小心翼翼地行走。

不过 Antirez 还是决心改了，他将这种改动描述为 "绝望而疯狂"，可见改动之大、之深、之险，前后花了好几周时间才改完。不过这次修改的效果也是很明显的，对象的删除操作再也不会导致主线程卡顿了。

5.9.3　异步删除的实现

主线程需要将删除任务传递给异步线程，它是通过一个普通的双向链表来传递的。因为链表需要支持多线程并发操作，所以它需要有锁来保护。

执行懒惰删除时，Redis 将删除操作的相关参数封装成一个 bio_job 结构，然后追加到链表尾部。异步线程通过遍历链表摘取 job 元素来挨个执行异步任务。

```
struct bio_job {
    time_t time;  // 时间字段暂时没有使用，应该是预留的
    void *arg1, *arg2, *arg3;
};
```

我们注意到这个 job 结构有三个参数。为什么删除对象需要三个参数呢？我们看如下代码。

```
    /* What we free changes depending on what arguments are set:
     * arg1 -> free the object at pointer.
     * arg2 & arg3 -> free two dictionaries (a Redis DB).
     * only arg3 -> free the skiplist. */
    if (job->arg1)
        // 释放一个普通对象，string/set/zset/hash 等，用于普通对象的异步
删除
        lazyfreeFreeObjectFromBioThread(job->arg1);
    else if (job->arg2 && job->arg3)
        // 释放全局 redisDb 对象的 dict 字典和 expires 字典，用于
flushdb
        lazyfreeFreeDatabaseFromBioThread(job->arg2,job->arg3);
    else if (job->arg3)
        // 释放 Cluster 的 slots_to_keys 对象，请参见第 5.7 节
        lazyfreeFreeSlotsMapFromBioThread(job->arg3);
```

可以看到，通过组合这三个参数可以实现不同结构的释放逻辑。接下来我们继续追踪普通对象的异步删除 lazyfreeFreeObjectFromBioThread 是如何进行的，请仔细阅读代码注释。

```
void lazyfreeFreeObjectFromBioThread(robj *o) {
    decrRefCount(o); // 降低对象的引用计数, 如果为零, 就释放
    atomicDecr(lazyfree_objects,1); // lazyfree_objects 为待释放对象
的数量, 用于统计
}

// 减少引用计数
void decrRefCount(robj *o) {
    if (o->refcount == 1) {
        // 该释放对象了
        switch(o->type) {
        case OBJ_STRING: freeStringObject(o); break;
        case OBJ_LIST: freeListObject(o); break;
        case OBJ_SET: freeSetObject(o); break;
        case OBJ_ZSET: freeZsetObject(o); break;
        case OBJ_HASH: freeHashObject(o); break;  // 释放 hash 对象,
继续追踪
        case OBJ_MODULE: freeModuleObject(o); break;
        case OBJ_STREAM: freeStreamObject(o); break;
        default: serverPanic( "Unknown object type" ); break;
        }
        zfree(o);
    } else {
        if (o->refcount <= 0) serverPanic( "decrRefCount against
refcount <= 0" );
        if (o->refcount != OBJ_SHARED_REFCOUNT) o->refcount--; //
引用计数减 1
    }
}

// 释放 hash 对象
void freeHashObject(robj *o) {
    switch (o->encoding) {
    case OBJ_ENCODING_HT:
        // 释放字典, 我们继续追踪
        dictRelease((dict*) o->ptr);
        break;
    case OBJ_ENCODING_ZIPLIST:
        // 如果是压缩列表可以直接释放
```

```
        // 因为压缩列表是一整块字节数组
        zfree(o->ptr);
        break;
    default:
        serverPanic("Unknown hash encoding type");
        break;
    }
}

// 释放字典，如果字典正在迁移中，ht[0] 和 ht[1] 分别存储旧字典和新字典
void dictRelease(dict *d)
{
    _dictClear(d,&d->ht[0],NULL); // 继续追踪
    _dictClear(d,&d->ht[1],NULL);
    zfree(d);
}

// 这里要释放 hashtable 了
// 需要遍历第一维数组，然后继续遍历第二维链表，双重循环
int _dictClear(dict *d, dictht *ht, void(callback)(void *)) {
    unsigned long i;

    /* Free all the elements */
    for (i = 0; i < ht->size && ht->used > 0; i++) {
        dictEntry *he, *nextHe;

        if (callback && (i & 65535) == 0) callback(d->privdata);

        if ((he = ht->table[i]) == NULL) continue;
        while(he) {
            nextHe = he->next;
            dictFreeKey(d, he);          // 先释放 key
            dictFreeVal(d, he);          // 再释放 value
            zfree(he); // 最后释放 entry
            ht->used--;
            he = nextHe;
        }
    }
    /* Free the table and the allocated cache structure */
    zfree(ht->table); // 可以回收第一维数组了
    /* Re-initialize the table */
    _dictReset(ht);
    return DICT_OK; /* never fails */
}
```

这些代码散落在多个不同的文件中，老钱将它们凑到了一块便于读者阅读。从代码中我们可以看到释放一个对象要深度调用一系列函数，每种对象都有它独特的内存回收逻辑。

5.9.4　队列安全

前面提到任务队列是一个不安全的双向链表，需要使用锁来保护它。当主线程将任务追加到队列之前需要给它加锁，追加完毕后，再释放锁，还需要唤醒异步线程——如果其在休眠的话。

```
void bioCreateBackgroundJob(int type, void *arg1, void *arg2, void
*arg3) {
    struct bio_job *job = zmalloc(sizeof(*job));

    job->time = time(NULL);
    job->arg1 = arg1;
    job->arg2 = arg2;
    job->arg3 = arg3;
    pthread_mutex_lock(&bio_mutex[type]);              // 加锁
    listAddNodeTail(bio_jobs[type],job);              // 追加任务
    bio_pending[type]++; // 计数
    pthread_cond_signal(&bio_newjob_cond[type]);      // 唤醒异步线程
    pthread_mutex_unlock(&bio_mutex[type]);           // 释放锁
}
```

异步线程需要对任务队列进行轮询处理，依次从链表表头摘取元素逐个处理。摘取元素的时候也需要加锁，摘出来之后再解锁。如果一个元素都没有，它需要等待，直到主线程来唤醒它继续工作。

```
// 异步线程执行逻辑
void *bioProcessBackgroundJobs(void *arg) {
...
    pthread_mutex_lock(&bio_mutex[type]);              // 先加锁
    ...
    // 循环处理
    while(1) {
        listNode *ln;

        /* The loop always starts with the lock hold. */
        if (listLength(bio_jobs[type]) == 0) {
            // 对列空，那就睡觉吧
```

```
            pthread_cond_wait(&bio_newjob_cond[type],&bio_
mutex[type]);
            continue;
        }
        /* Pop the job from the queue. */
        ln = listFirst(bio_jobs[type]);              // 获取队列头元素
        job = ln->value;
         /* It is now possible to unlock the background system as
we know have
        * a stand alone job structure to process.*/
        pthread_mutex_unlock(&bio_mutex[type]);      // 释放锁

        // 这里是处理过程，为了省纸，就略去了
        ...

        // 释放任务对象
        zfree(job);

        ...

        // 再次加锁继续处理下一个元素
        pthread_mutex_lock(&bio_mutex[type]);
        // 因为任务已经处理完了，可以放心从链表中删除节点了
        listDelNode(bio_jobs[type],ln);
        bio_pending[type]--;                         // 计数减 1
    }
```

研究完这些加锁解锁的代码后，老钱开始有点担心主线程的性能。我们都知道加锁解锁是一个相对比较耗时的操作，尤其是悲观锁最为耗时。如果删除很频繁，主线程岂不是要频繁加锁解锁，所以这里肯定还有优化空间，Java 的 ConcurrentLinkQueue 就没有使用这样粗粒度的悲观锁，它优先使用 cas 来控制并发。

5.9.5　思考&作业

1. Redis 还有其他地方用到了对象共享机制吗？
2. Java 的 ConcurrentLinkQueue 具体是如何实现的？

5.10　跋山涉水——深入字典遍历

Redis 字典的遍历过程逻辑比较复杂，互联网上对这一块的分析讲解非常少。老

钱也花了不少时间对源码的细节进行了整理，将个人对字典遍历逻辑的理解呈现给大家。也许大家对字典的遍历过程有比老钱更深入的理解，还请不吝赐教。如图 5-29 所示，是字典遍历的简单示意图。

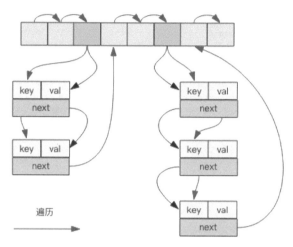

图 5-29

5.10.1 一边遍历一边修改

我们知道 Redis 对象树的主干是一个字典，如果对象很多，这个主干字典也会很大。当我们使用 keys 命令搜寻指定模式的 key 时，它会遍历整个主干字典。值得注意的是，在遍历的过程中，如果满足模式匹配条件的 key 被找到了，还需要判断 key 指向的对象是否已经过期，如果过期了就需要从主干字典中将该 key 删除。

```
void keysCommand(client *c) {
    dictIterator *di;                          // 迭代器
    dictEntry *de;                             // 迭代器当前的 entry
    sds pattern = c->argv[1]->ptr;             // keys 的匹配模式参数
    int plen = sdslen(pattern);
    int allkeys; // 是否要获取所有 key，用于 keys * 这样的指令
    unsigned long numkeys = 0;
    void *replylen = addDeferredMultiBulkLength(c);

    // why safe?
    di = dictGetSafeIterator(c->db->dict);
    allkeys = (pattern[0] == '*'  && pattern[1] == '\0');
    while((de = dictNext(di)) != NULL) {
```

```
        sds key = dictGetKey(de);
        robj *keyobj;

          if (allkeys || stringmatchlen(pattern,plen,key,sdslen(k
ey),0)) {
            keyobj = createStringObject(key,sdslen(key));
            // 判断是否过期, 过期了要删除元素
            if (expireIfNeeded(c->db,keyobj) == 0) {
                addReplyBulk(c,keyobj);
                numkeys++;
            }
            decrRefCount(keyobj);
        }
    }
    dictReleaseIterator(di);
    setDeferredMultiBulkLength(c,replylen,numkeys);
}
```

那么, 你是否想到了其中的困难之处: 在遍历字典的时候还需要修改字典, 会不会出现指针安全问题?

5.10.2　重复遍历的难题

字典在扩容的时候要进行渐进式迁移, 会存在新旧两个 hashtable。遍历需要对这两个 hashtable 依次进行, 先遍历完旧的 hashtable, 再继续遍历新的 hashtable。如果在遍历的过程中进行了 rehashStep, 将已经遍历过的旧的 hashtable 的元素迁移到了新的 hashtable 中, 那么遍历会不会出现元素的重复? 这也是遍历需要考虑的疑难之处, 下面我们来看看 Redis 是如何解决这个问题的。

5.10.3　迭代器的结构

Redis 为字典的遍历提供了两种迭代器, 一种是安全迭代器, 另一种是不安全迭代器。

```
typedef struct dictIterator {
    dict *d;            // 目标字典对象
    long index;         // 当前遍历的槽位置, 初始化为 -1
    int table;          // ht[0] or ht[1]
    int safe;           // 这个属性非常关键, 它表示迭代器是否安全
    dictEntry *entry;   // 迭代器当前指向的对象
    dictEntry *nextEntry; // 迭代器下一个指向的对象
```

```
        long long fingerprint; // 迭代器指纹，放置迭代过程中字典被修改
    } dictIterator;

    // 获取非安全迭代器，只读迭代器，允许 rehashStep
    dictIterator *dictGetIterator(dict *d)
    {
        dictIterator *iter = zmalloc(sizeof(*iter));

        iter->d = d;
        iter->table = 0;
        iter->index = -1;
        iter->safe = 0;
        iter->entry = NULL;
        iter->nextEntry = NULL;
        return iter;
    }

    // 获取安全迭代器，允许触发过期处理，禁止 rehashStep
    dictIterator *dictGetSafeIterator(dict *d) {
        dictIterator *i = dictGetIterator(d);

        i->safe = 1;
        return i;
    }
```

迭代器的"安全"指的是在遍历过程中可以对字典进行查找和修改，不用感到担心，因为查找和修改会触发过期判断，会删除内部元素。"安全"的另一层意思是迭代过程中不会出现元素重复。为了保证不重复，就会禁止 rehashStep。

"不安全"的迭代器是指，在遍历过程中，字典是只读的，不可以修改，只能调用 dictNext 对字典进行持续遍历，不得调用任何可能触发过期判断的函数。好处是不影响 rehash，代价就是遍历的元素可能会出现重复。

安全迭代器在刚开始遍历时，会给字典打上一个标记，有了这个标记，rehashStep 就不会执行，遍历时元素就不会出现重复。

```
typedef struct dict {
    dictType *type;
    void *privdata;
    dictht ht[2];
    long rehashidx;
    // 这个就是标记，它表示当前加在字典上的安全迭代器的数量
```

```
    unsigned long iterators;
} dict;

// 如果存在安全的迭代器，就禁止 rehash
static void _dictRehashStep(dict *d) {
    if (d->iterators == 0) dictRehash(d,1);
}
```

5.10.4　迭代过程

安全的迭代器在遍历过程中允许删除元素，意味着字典第一维数组下面挂接的链表中的元素可能会被摘走，元素的 next 指针就会发生变动，这是否会影响迭代过程呢？下面我们仔细研究一下迭代函数的代码逻辑。

```
dictEntry *dictNext(dictIterator *iter)
{
    while (1) {
        if (iter->entry == NULL) {
            // 遍历一个新槽位下面的链表，数组的 index 往前移动了
            dictht *ht = &iter->d->ht[iter->table];
            if (iter->index == -1 && iter->table == 0) {
                // 第一次遍历，刚刚进入遍历过程
                // 也就是 ht[0] 数组的第一个元素下面的链表
                if (iter->safe) {
                    // 给字典打安全标记，禁止字典进行 rehash
                    iter->d->iterators++;
                } else {
                    // 记录迭代器指纹，就好比字典的 md5 值
                    // 如果遍历过程中字典有任何变动，指纹就会改变
                    iter->fingerprint = dictFingerprint(iter->d);
                }
            }
            iter->index++; // index=0，正式进入第一个槽位
            if (iter->index >= (long) ht->size) {
                // 最后一个槽位都遍历完了
                if (dictIsRehashing(iter->d) && iter->table == 0) {
                    // 如果处于 rehash 中，那就继续遍历第二个 hashtable
                    iter->table++;
                    iter->index = 0;
                    ht = &iter->d->ht[1];
                } else {
                    // 结束遍历
                    break;
```

```
                        }
                }
                // 将当前遍历的元素记录到迭代器中
                iter->entry = ht->table[iter->index];
        } else {
                // 直接将下一个元素记录为本次迭代的元素
                iter->entry = iter->nextEntry;
        }
        if (iter->entry) {
                // 将下一个元素也记录到迭代器中，这点非常关键
                // 防止安全迭代过程中当前元素被过期删除后，找不到下一个需要遍历的元素

                // 试想如果后面发生了 rehash，当前遍历的链表被打散了，会发生什么
                // 这里要使劲发挥自己的想象力来理解
                // 旧的链表将被一分为二，打散后重新挂接到新数组的两个槽位下
                // 结果就是会导致当前链表上的元素会重复遍历

                 // 如果 rehash 的链表是 index 前面的链表，那么这部分链表也会
被重复遍历
                iter->nextEntry = iter->entry->next;
                return iter->entry;
        }
    }
    return NULL;
}


// 遍历完成后要释放迭代器，安全迭代器需要去掉字典的禁止 rehash 的标记
// 非安全迭代器还需要检查指纹，如果有变动，服务器就会崩溃（failfast）
void dictReleaseIterator(dictIterator *iter)
{
    if (!(iter->index == -1 && iter->table == 0)) {
        if (iter->safe)
            iter->d->iterators--; // 去掉禁止 rehash 的标记
        else
            assert(iter->fingerprint == dictFingerprint(iter->d));
    }
    zfree(iter);
}


// 计算字典的指纹，就是将字典的关键字段按位糅合到一起
// 这样只要有任意的结构变动，指纹都会发生变化
// 如果只是某个元素的 value 被修改了，指纹不会发生变动
long long dictFingerprint(dict *d) {
    long long integers[6], hash = 0;
```

```
    int j;

    integers[0] = (long) d->ht[0].table;
    integers[1] = d->ht[0].size;
    integers[2] = d->ht[0].used;
    integers[3] = (long) d->ht[1].table;
    integers[4] = d->ht[1].size;
    integers[5] = d->ht[1].used;

    for (j = 0; j < 6; j++) {
        hash += integers[j];
        hash = (~hash) + (hash << 21);
        hash = hash ^ (hash >> 24);
        hash = (hash + (hash << 3)) + (hash << 8);
        hash = hash ^ (hash >> 14);
        hash = (hash + (hash << 2)) + (hash << 4);
        hash = hash ^ (hash >> 28);
        hash = hash + (hash << 31);
    }
    return hash;
}
```

值得注意的是，在字典扩容时进行 rehash，将旧数组中的链表迁移到新的数组中。某个具体槽位下的链表只可能会迁移到新数组的两个槽位中。

```
hash mod 2^n = k
hash mod 2^(n+1) = k or k+2^n
```

5.10.5　迭代器的选择

除了 keys 指令使用了安全迭代器——因为结果不允许重复，那么还有哪些地方使用了安全迭代器呢？什么情况下遍历适合使用非安全迭代器呢？

简单一点说，那就是如果遍历过程中不允许出现重复，那就使用安全迭代器，比如下面的两种情况。

1．bgaofrewrite 需要遍历所有对象，转换成操作指令进行持久化，绝对不允许出现重复。

2．bgsave 也需要遍历所有对象来持久化，同样不允许出现重复。

如果遍历过程中需要处理元素过期，需要对字典进行修改，那也必须使用安全迭代器，因为非安全的迭代器是只读的。

　　其他情况下，也就是允许遍历过程中出现个别元素重复，不需要对字典进行结构性修改的情况下，一律使用非安全迭代器。

5.10.6　思考&作业

　　请继续思考 rehash 对非安全遍历过程的影响，会重复哪些元素，重复的元素会非常多还是仅仅少量重复？